从来多古意　可以赋新诗

科技园里的园林

——中关村环保科技示范园园林景观那些事

北京实创环保发展有限公司　编著

中国建筑工业出版社

图书在版编目（CIP）数据

从来多古意　可以赋新诗　科技园里的园林——中关村环保科技示范园园林景观那些事/北京实创环保发展有限公司编著.—北京：中国建筑工业出版社，2018.12
ISBN 978-7-112-22921-5

Ⅰ.①从…　Ⅱ.①北…　Ⅲ.①园林设计－景观设计－海淀区　Ⅳ.TU986.2

中国版本图书馆CIP数据核字（2018）第248895号

责任编辑：杜　洁　李玲洁
责任校对：王　烨

从来多古意　可以赋新诗

科技园里的园林

——中关村环保科技示范园园林景观那些事
北京实创环保发展有限公司　编著

*

中国建筑工业出版社出版、发行(北京海淀三里河路9号)
各地新华书店、建筑书店经销
北京利丰雅高长城印刷有限公司印刷

*

开本：880×1230毫米　1/16　印张：12½　字数：378千字
2019 年 2 月第一版　2019 年 2 月第一次印刷
定价：**128.00** 元
ISBN 978-7-112-22921-5
（33001）

参加编写人员：

陈晓智　赵玉华　刘　丰　李忠辉　白　轲

雷恩成　李金锁　马军迎　赵百平　李　斌

付彦荣　赵红霞　刘艳梅　付雨杭

环保方园　绿法天下

　　这些年中关村环保园的建设者围绕"第三代科技园"建设进行了宜居、宜创、分享、共享的探索和实践，建成了园林式的科技园区，构建了齐物潭、博厚台、逍遥津、如许园和数个企业园中园组成的园林景观空间格局。

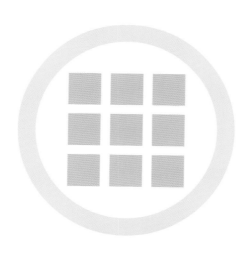

前　言

习近平总书记强调，实施创新驱动发展战略决定中华民族前途命运。全党全社会都要充分认识科技创新的巨大作用，敏锐把握世界科技创新发展新趋势，抓住和用好新一轮科技革命和产业变革的机遇，把创新驱动发展作为面向未来的一项重大战略实施好。

科技园区是实施创新驱动发展战略的重要阵地。当今中国的科技园区，已成为新时期创新、创业的最佳栖息地，是科技创新与产业化的关键联结点，也是地区和城市经济发展竞争力的重要来源。

我国的科技园经历了一个从无到有、不断发展的过程，由第一代、第二代科技园，到第三代科技园，科技园的认识不断深化，建设管理水平不断提升。由提供基本的办公场地，到逐步融入生态、文化元素，到提供完整的城市形态和综合的科技服务，科技园已成为构建创新生态体系的重要支撑。

中关村环保园是我国第三代科技园的典型代表之一。自启动建设以来，中关村环保园始终秉承"定位高端、环境先行、生态和谐、天人合一"的发展理念，积极探索"第三代科技园"发展模式，加强"生态、科技、人文"三者的融合，落实建筑节能、绿色照明、清洁供暖、雨洪利用等生态环保举措，以"山自然、水自由、人自在、情自得"为原则，全力打造以园林景观为特色的生态环境，在科技园园林环境建设方面积累了一定经验。

本书全面记述了中关村环保园园林环境建设的全过程，从理念、规划、布局、要素、功能、技术、文化和运营等多个角度，系统阐述和展示了园林环境的建设成果，并就科技园园林环境对构建新型城市形态、服务创新生态体系建设等方面的意义和前景进行了探讨，旨在为未来科技园的开发、建设和管理提供参考。

目　录

CONTENTS

5 运营：园林管理与服务

结语：持续探索谋超越

附录

参考文献

引　言

习近平总书记强调，实施创新驱动发展战略决定中华民族前途命运。科技园区是实施创新驱动发展战略的重要阵地。当今中国的科技园区，已成为新时期创新、创业的最佳栖息地，是科技创新与产业化的关键联结点，也是地区和城市经济发展竞争力的重要来源。

建设生态型园区有利于促进区域经济与环境协调发展，是实现资源节约和环境友好的重要途径。2011 年 12 月，环保部、科技部、商务部联合发布《关于加强国家生态工业示范园区建设的指导意见》（环发〔2011〕143 号），提出国家及地方科技主管部门应把生态园区建设情况作为重要指标纳入国家高新技术产业开发区综合评价等相关考核工作中。在科技园区中加入生态元素，实现生态、科技、文化的融合，成为科技园建设和发展的新特征。

2010 年 4 月，北京市委专题会审查通过《中关村国家自主创新示范区北部研发服务和高新技术产业聚集区规划》。规划将海淀北部地区定位为中关村国家自主创新示范核心区的重要组成部分，在北京市"两城两带"规划中具有举足轻重的地位。规划提出，海淀北部地区以"生态良好、用地集约、设施配套、产业集群、城乡统筹"为原则，发挥城市西北生态屏障的作用，秉承低碳理念，创造高品质的科研创业环境；高效、集约利用好土地资源，优化整体空间结构、紧凑发展；吸引国际性领军研发总部等国际一流的科技研发产业集聚，与高端服务业融合发展。

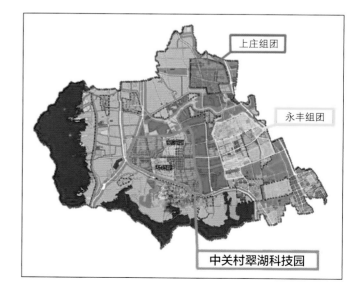

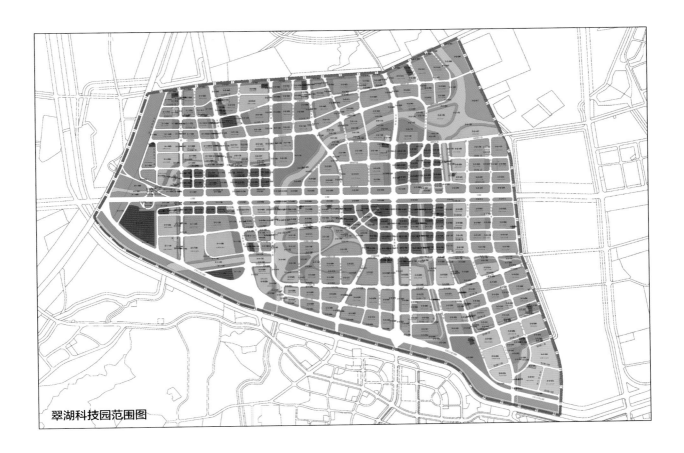

翠湖科技园范围图

　　翠湖科技园位于海淀北部地区的温泉镇、苏家坨镇和西北旺镇，是海淀北部研发服务和高新技术产业聚集区的三个主要功能组团之一。翠湖科技园规划面积约 1753 公顷，由目前的中关村创新园、中关村环保科技示范园（以下简称"中关村环保园"）、温泉工业用地及其周边新增建设用地构成。它地处海淀北部的中心区域，是中关村国家自主创新示范核心区北部新的增长极。过去几年中，面向"绿色北京"建设的长期需求，翠湖科技园依托区域内良好的自然生态条件和环保节能领域优良的产业基础，紧紧抓住"打造国内外知名生态、科技新城"的重要时期，按照"一五八三"发展战略的要求，依据循环经济和生态环境相结合的理念，进一步优化产业结构，加快基础设施建设，以"智慧翠湖、生态翠湖、人文翠湖"为整体规划建设理念，向"科技创新引领、高端产业聚集、绿色生态示范、人文交互共生"的国际一流绿色科技园区逐步迈进。

　　中关村环保园位于翠湖科技园南部中心区域，规划面积 359.77 公顷。自启动建设以来，中关村环保园始终秉承"定位高端、环境先行、生态和谐、天人合一"的发展理念、积极探索"第三代科技园"发展模式，加强"生态、科技、文化"三者的融合，编制并推行《中关村环保科技示范园绿法》（以下简称《绿法》），落实建筑节能、绿色照明、清洁供暖、雨洪利用等生态环保举措，在生态园区建设方面做出了有益的探索，积累了宝贵经验。

　　面向生态园区建设的总体方向，中关村环保园将园区环境作为重点培植的独特竞争力、服务园区企业的重要途径和建设共享社区的载体，持续高标准打造园区园林景观，营造了体系完善、特色鲜明、人文底蕴深厚的自然环境和人文环境，塑造了园林式的办公、居住和生活空间，探索了宜业、宜居和宜游的新型科技园区建设管理模式，有效提升了园区的形象品位和园区员工的幸福感、归属感，激发了科技企业和科技人员的创新活力，在创新型生态科技园区建设方面做出了大胆的尝试。

　　本书全面记述了中关村环保园园林环境建设的全过程，从理念、规划、要素、功能、技术、文化和服务等多个角度，全面阐述和展示园林建设成果，旨在为未来科技园的开发和建设提供参考。

01

开端：
科技园和园林

科技园和园林，似乎两个不太相关的事物。要把二者放在一起讨论，展开"科技园里的园林"这个命题，首先要解释为什么要在科技园内建设园林的问题。

本章从科技园和园林的概念和内涵入手，结合科技园的发展脉络和园林的属性，探讨科技园和园林间的关系和科技园里建设园林的必要性。

1.1 科技园及其发展

科技园，一般是指集聚高新技术企业的产业园区。它大体产生于 20 世纪 50 年代，于 20 世纪 80 年代得到蓬勃发展，大致经历了诞生、缓慢发展、快速发展和稳定发展四个阶段。

我国的科技园是从世界科技园发展的第二阶段登上历史舞台的，在第三阶段逐渐发展壮大。我国的科技园发展基本可以分为三个发展时期。

1.1.1 第一代科技园

第一时期是 1983—1993 年，这一时期是科技园建设的起步阶段，称作第一代科技园。20 世纪 80 年代初，中共中央、国务院以及地方政府，开始从宏观上有意识地组织和引导科技产业的发展，并采取一定的政策优惠措施直接参与科技园的建设，特别是在土地、规划、建设等政府审批程序上采取大量的优惠措施。第一代科技园的建设从产业集聚方式上看，属于民营科技公司在政府优惠政策引导下的自发聚集状态。在这一时期的高科技开发区中，一些民营科技公司得到政策优惠，发展壮大为行业领域内的领导型企业，例如北京的中关村科技园在这一阶段孕育了科海（1983 年）、京海（1983 年）、四通（1984 年）等电子企业。到 1986 年底，中关村各类开发型公司已近 100 家，逐渐形成了闻名中外的、以开发、经营电子产品的民营科技企业群体为主体的"中关村电子一条街"。

1.1.2 第二代科技园

第二时期是 1993—2004 年，这一时期是科技园建设的壮大阶段，称作第二代科技园。在这段时间，我国的科技园经历了政策和数量两个转变。

（1）政策转变

从政策角度讲，我国科技园的企业集聚从自发集聚到政府有组织、有计划地定向发展，表现为科技园的建设发展不再是随波逐流、自由发展，而是在各级政府监督和管理下有规划、有目标、有任务地发展。例如中关村科技园在 1999 年提交《关于实施科教兴国战略加快建设中关村科技园的请示》，并得到批准。从此确定了中关村科技园以海淀科技园为主体的"一区五园"的空间结构，包括海淀园、丰台园、昌平园、朝阳电子城科技园和亦庄科技园，后来增加健翔科技园和德胜科技园等园区，成为中国最具代表性的科技园区之一。

（2）数量转变

我国科技园通过 10 年的建设发展，数量显著增加。同时，国家也努力对其进行有效的调控与治理。针对一些地方盲目设立、遍地开花的问题，国家在 1993 年、1997 年和 2003 年进行了三次大规模的清理整顿，撤销、合并了一些不合格的科技园。科技园发展逐步由数量增长转向质量的提升。这些都成为第三代科技园产生的基础条件。

1.1.3 第三代科技园

我国第三代科技园区是在党领导下，在中国改革开放 30 年的巨大成就基础上，以科学发展观为指引，以"科技兴国、产业强国、文化兴国、生态建国"为宗旨，建设的具有国际化、信息化、人性化特征的企业聚居地。第三代科技园以高科技企业为主体，以科技创新、文化复兴、生态自省为己任，以"典范"的力量，推动国家向全面可持续发展的目标迈进。

第三代科技园区的建设，在传统工业园区的基础上走向更高的发展阶段，强调园区硬件建设与软件建设标准的全面提高。硬件建设包括园区规划的生态化、园区建筑的绿色化、园区基础设施的人性化。软件建设包括园区管理的标准化、园区文化的多元共生、园区创新环境的自我完善能力等。

第三代科技园区更加注重精神追求，是在民族复兴的历史使命感召下，对富有中国特色、符合中国国情的新一代高科技园区的探索与实践。总之，第三代科技园是生态、科技、文化三者的有机结合。

根据《北京海淀翠湖科技城概念规划》，翠湖科技园将迈向科技园发展 3.0 时代——科学城模式，即以人文为核心，由科技园区向科技城转变。中关村环保园的建设过程中，始终坚持生态、科技、文化三要素的融合，不断提升城市服务水平和科技服务能力，在第三代科技园的开发建设理念和具体措施上，做出了积极的探索。

1.2 科技园和园林

1.2.1 园林

园林是指在一定的地域运用工程技术和艺术手段，通过改造地形（或进一步筑山、叠石、理水）、种植树木花草、营造建筑和布置园路等途径创作而成的优美的自然环境和游憩境域。这是从空间实体层面对园林的定义。由园林营造的自然环境和游憩境域具有多方面功能，服务于人们的生活，包括改善生态环境质量、提升居住空间形象、提供休闲游憩和防灾避险场所等。

从文化层面，园林还是传统中国文化中的重要艺术形式和文化传承的重要载体。园林建设与人们的审美观念、社会的科学技术水平相始终，凝聚着人们对当前或未来生存空间的一种向往。某种程度上，园林体现了人的精神追求，是科技和文化的物化结果。

1.2.2 第三代科技园和园林

我国第三代科技园大体上对应于世界科技园发展的第四个时期，二者的共同特点是：科技园不仅仅是进行科技研发和转化的载体，在此基础上，它更加注重"人的发展"，融合了人的生活、居住等因素。园区的发展充分考虑人的因素，顺应人的发展趋势，注重对人生活环境的打造、对人生活品质的关心以及对人精神层面的重视。在建设上注重园区环境打造，在管理上注重园区之间以及园区内部知识的流动，以园区软硬环境为载体，重点打造创新合作平台和网络。

从实践来看，第三代科技园具有生态、科技、文化三个特征，三者有机结合。众多的科技园在传统基础设施建设的基础上，逐步重视园区园林环境的打造，将优美的自然环境与浓厚的人文环境融入科技园，以此增强科技园的特色和吸引力，带动科技园的升级发展。

中关村环保园作为我国第三代科技园的典型代表之一，依托特有的区位特点和自然资源优势，审时度势、瞄准前沿、锐意创新、大胆实践，对科技园中的园林环境建设做出了积极的探索，在实现园林式科技园建设目标的同时，走出了一条科技园与园林融合发展之路。十余年的建设经历表明，在科技园里的园林建设，具有三个方面的显著意义：①营造生态环境的有效途径。良好的园林环境，构成了科技园良好生态环境最为精华的部分；②激活科技创新的有效手段。良好的园林环境，促进了科技人员的交流，并在一定程度上激活了创新活力；③实现文化传承的重要载体。良好的园林景观空间，也成为文化展示和文化宣传的重要平台，实现了科技和文化融合。总之，将园林融入科技园，符合第三代科技园"生态、科技、文化"三方面的特征需求，符合生态园区建设的总体方向。

1.2.3 科技园和科技创新体系

　　全球新科技革命时代的主旋律告诉我们：一个国家、一个区域能否掌握自身持续发展的命脉，能否应对空前激烈的国际竞争、区域竞争，将直接取决于其持续不断地进行科技创新和驾驭不断涌现的新技术、新知识的能力。

科技创新体系由以科学研究为先导的知识创新体系、以标准化为轴心的技术创新体系和以信息化为载体的现代科技管理创新体系三大体系构成，知识社会新环境下三个体系相互渗透、互为支撑、互为动力，推动着科学研究、技术研发、管理与制度创新的新形态。

科技创新涉及政府、企业、科研院所、高等院校、国际组织、中介服务机构、社会公众等多个主体，包括人才、资金、科技基础、知识产权、制度建设、创新氛围等多个要素，是创新主体、创新要素交互作用下的一种复杂涌现现象。

科技园作为高新技术企业的集聚区，也是各类科技创新要素集聚的场所，自然而然成为科技创新体系建设的关键领域。从科技园发展历程来看，科技创新中最为积极的因素是"人"。科技园区要实现科技研发和成果转化，吸引人才是第一位的。为此，科技园的创新体系建设必然围绕"人"而展开。在巩固硬环境的基础上，完善软环境建设，成为第三代科技园和未来科技园发展的必然选择。

未来科技园区的软环境完善将体现在以下三个方面：生态环境、生活环境和人文环境。第一，生态环境。在生态环境的完善方面，主要体现在对园区的生态改善和园林环境建设情况，为科技人员提供优良的工作、居住和生活场所。未来科技园的生态环境应顺应时代的潮流，遵循"环境优先、生态和谐、天人合一"的发展理念，打造自然和谐、景观优美的环境空间；第二，生活环境。生活环境完善方面，主要体现为提供完善的生活配套设施和居住环境，为科技人员生活提供便利，实现身心的满足。未来科技园的生活环境不仅满足科技人员一般需求，还要体现高端人才的品位和格调，打造符合高端科技人员行为习惯和生活需求的生活配套服务；第三，人文环境。未来科技园的人文环境，主要体现在从精神层面，满足科技人员的需求，激发科技人员的创新活力。未来科技园的人文环境建设，要着眼于科技人员的人文关怀，从园区自然环境、设施配套和运营服务等方面，充分满足科技人员的个人追求，营造创新氛围，激发创新灵感，实现自我价值。

园林将生态改善、生活服务和文化传承融为一体。以园林环境建设为主要内容的园区景观环境提升和文化特色营造，有效促进了第三代科技园的发展。可以预测，园林环境也将在未来科技园的软环境建设中发挥不可替代的作用，甚至成为软环境建设的主角。

02

背景：中关村环保园的创立

中关村环保园创立之初，正值我国科技园由第二代向第三代转变的时期。建设者们总结科技园发展现状和经验，审时度势，确定了第三代科技园探索的目标。建园之初确定的园区定位，开发思路、理念、原则和发展愿景等，为打造以园林景观为主体的园区环境、发展创新型生态园区奠定了基础。

2.1 中关村环保园的创立

中关村环保园由中关村科技园区管委会于 2001 年 11 月批准设立。

2002 年 10 月，中关村环保园奠基。

北京实创环保发展有限公司专门负责中关村环保园的一、二级土地开发和运营。公司于 2004 年 9 月 22 日注册成立，注册资本 1 亿元。

2004 年，中关村环保园步入实质性开发建设阶段，实行以政府为主导、以企业为主体的专业科技园区建设模式。

2006 年 12 月，华为入驻，成为首家入园企业。目前已有雀巢研发、中联煤层气、中科龙芯、人寿数据、核电规划等国内外知名企业以及数十家高新企业入园。

2.2 中关村环保园的概况

中关村环保园位于北京海淀翠湖生态科技园南侧中心位置，是翠湖生态科技城的重要组成部分。

园区北至北清路，南至京密引水渠，东至春阳路，西至温阳路，东西长约 2.14 公里，南北宽约 2.09 公里，总占地面积约 359.77 公顷（约 3.6 万平方公里），规划建设面积 175 万平方米。园区南侧为京密引水渠，西侧有周家巷沟南北贯穿。

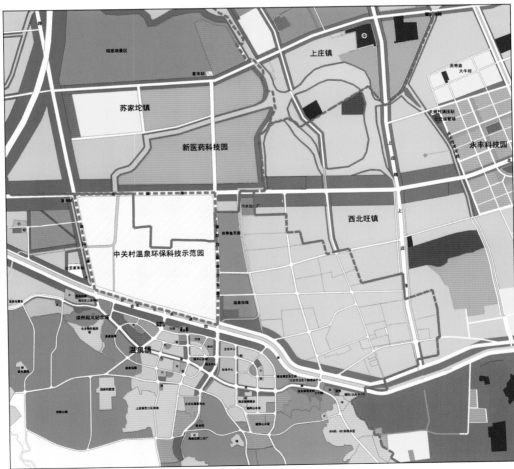

中关村环保科技示范园

2.3 中关村环保园的定位

设立之初，中关村环保园定位为中国首家第三代科技园区，致力成为集科研、中试、生产、商贸、技术交易、科普于一体的综合性园区；具有完整绿色环保体系的可持续发展园区；以绿洲湿地景观系统为主要特征的生态科技园区；环保产业研发、孵化、展示交易的专业园区。具体体现在以下特征：

（1）专业型、国际化、信息化、智力密集和知识密集型科技园区。

（2）经济生态、自然生态、社会生态相结合的科技园区。

（3）民族文化共生、企业文化融合、以人为本的科技园区。

2.4 中关村环保园的开发思路

中关村环保园本着"定位高端、环境先行、生态和谐、天人合一"的开发理念，着力营造"山自然、水自由、人自在、情自得"的自然人文境界。十余年来，始终将园区环境提升和园林景观建设作为科技园建设的鲜明特色和竞争优势。

中关村环保园的开发建设始终遵循四个指导思路和基本原则：

2.4.1 坚持"环保科技"理念

（1）追求"山自然、水自由"，以此作为是园区生态环境发展的最终愿景。

（2）强调生态和谐，实现园区自然环境、人工环境与人文景观的完美统一。

（3）强调节能环保，选用低能耗、新科技、符合生态节能要求的各类材料。

（4）坚持产城融合，引入并践行生态城市、科技城市等规划建设理念。

2.4.2 坚持体现"人文关怀"

（1）追求"人自在、情自得"，以此作为环保园文化发展的最终愿景。

（2）强调以人为本，体现先进科技文化，反映地域文化特征，延续场地文脉特性。

（3）以中国传统园林景观的元素延续海淀北部自然景观与人文景观。

（4）通过良好的景观及自然环境，搭建园区企业间的交流平台。

（5）以园林环境为载体，将园区建设成为融工

作、生活、娱乐、社区、交流为一体的景观综合体，增强园区工作和生活人群的归属感。

2.4.3 坚持实现"综合价值"

（1）通过园区园林环境的建设，为园区提供良好的交流、创新、展示和服务载体。

（2）通过园区园林环境提升，不断为园区企业提供更多的人文关怀，同时提升园区的土地价值。

（3）通过园区的园林环境，激活科技人员创新活力，实现科技人员自身价值。

2.4.4 坚持体现"综合服务"

（1）建设专业型、国际化、信息化、智力密集和知识密集型科技园区，通过园林环境为不同的企业员工及不同的产业之间提供环境服务。

（2）通过便捷、高效的园区配套，使园区科技人员享受完善的城市化的服务。

（3）园林环境为园区内的科技精英及居民提供了情感交流、职业规划等平台，服务于企业的持续稳定发展。

2.5 中关村环保园的未来愿景

2010年，国家确立海淀北部为中关村自主创新示范核心区的重要组成部分，是科技自主创新新的增长极。根据这一定位，中关村环保园适时调整了园区发展思路，定位为翠湖科技城的先行试验区，承担了新的使命和责任。

面对国家科技创新体系建设和创新生态体系建设的综合要求，中关村环保园应在第三代科技园建设指引下总结园林环境建设经验，探讨园林环境在科技创新体系和创新生态体系建设的作用，分析园林景观与科技人员创新能力提升间的互动关系，探索科技园"生态、科技、文化"深度融合的新途径，实现科技园宜业、宜居、宜游的新型发展模式。中关村环保园正在迎接新的挑战。

03
历程：
生长出来的园林

中关村环保园的环境提升和园林景观建设，是在"定位高端、环境先行、生态和谐、天人合一"开发理念的指引下，以营造"山自然、水自由、人自在、情自得"的自然人文境界为目标，以精品园区建设为手段，在不断思考和提升服务的前提下逐步开展起来的。它的建设大致经历了四个阶段：起步期、提升期、深化期和完善期。起步期，重点实施了湖区建设，园区桥梁和道路绿化等；提升期，重点进行湖区提升，园区道路景观、节点景观等，景观斜轴初步形成；深化期，湖区进一步提升，园区部分景观建筑建设完成，园林环境服务功能逐步提升；完善期，湖区景观进一步提升的同时，园区增加景观建筑，加强景区内部和各组成要素之间的联系。

在此过程中，园林环境建设逐步实现了四个转变和提升：第一，在理念上实现了从"环保"到"生

态"的转变，生态质量逐步提升；第二，在手法上实现了从"绿化"到"园林"的转变，景观品质逐步提升；第三，在文化上实现了从"传统"到"科技"的转变，文化内涵逐步提升；第四，在定位上，实现了从"园区"到"城镇"的转变，服务功能逐步提升。

3.1 起步期（2001—2006 年）：筑梦京西北，播绿我先行

2001 年，中关村环保园立项并着手建设。北京实创环保发展有限公司负责中关村环保科技范园的一、二级开发和运营。2004 年，中关村环保园启动实质性建设，进入起步发展时期。本阶段的主要任务是进行园区基础设施建设，并开展基本的环境绿化。

建设之初，中关村环保园面临远离主城区、区位条件差、交通不便等现状和问题，相比周边已基本成形的生命科学园、上地科技园等，存在明显的劣势。不过，有利条件也是显而易见的：首先，园区临近西山，场地内有河流、湿地等，具有很好的山水构架；其次，场地内自然植被良好，构筑了良好的绿色基底；再次，地上构筑物少，限制条件少，从零开始规划建设，有利于形成理想的空间格局。

基于以上状况，北京实创环保发展有限公司决定：在园区编织绿色网格，在绿中添彩，用绿色包裹园区，建设绿色的活力园区，让企业在绿色中生产，让人们在绿色中生活。开发者和建设者们审时度势、大胆实践，"在树林里种楼"，迈上了一条新的发展道路。

在起步期，桥梁和道路等市政基础设施成为建设的主要内容。一路周家巷沟跨河桥工程、二路周家巷沟跨河桥工程和二路温泉跨河桥工程先后实施并完成。一路周家巷沟跨河桥位于园区西部的环保园一路与周家巷沟的交汇点处，为两幅三跨布置形式的直线桥，桥梁全长 80 米。二路周家巷沟跨河桥位于园区

西部的环保园二路与周家巷沟的交汇点处，也为两幅三跨布置形式的直线桥，桥梁全长 80 米。二路温泉跨河桥位于园区西部的环保园二路与温泉沟的交汇点处，上部结构为南北两幅双跨布置形式的曲线现浇混凝土箱梁，单幅桥面宽 18 米。同时，园区一路、二路主体工程规划设计并建设实施。

绿化工程是与桥梁、道路同步实施的重要内容。一方面，保留场地原有的绿色植物，维护园区的绿色本底；另一方面，配合市政基础设施建设，完成绿化配套。护绿、植绿成为这个时期园林建设的突出特点。从一开始就坚持绿化建设的高标准，绿地率原则上不低于 50%。

期间，绿化施工面积超过 30 万平方米，重点就园区内湖区一、二期周边过于空旷和道路绿化植被单一的地区进行改造，并完成了一路、二路、四路和十八路等道路绿化。截至 2006 年底，以湖区二期为核心的 10 万平方米绿化工程基本完成，一路、二路、景观斜轴下沉式广场、湖区一期周边绿化完善及西南边界整治完成，从园区东北角到湖区的景观长廊建设初显规模，初步形成了"规划先进、借山临水、环境优美"的新型园区园林环境面貌。园区内部分公共建筑启动建设，并坚持绿化先行的建设原则，规划绿地率均在 35% 以上，如原动力空间一期（J07 项目）规划绿化率 40%，原动力空间二期（J03 项目）规划绿化率 40%，海淀文化艺术中心规划绿化率 35%。

北京实创环保发展有限公司的建设管理部、市政部具体承担了园区大市政、能源配套建设及供应保障、园区环境建设和提升等的管理工作。为了保障园区建设，按照"生态、环保、节约、绿色"的原则稳步推进，中关村环保园发起编制《中关村环保园科技示范绿法》（以下简称《绿法》），并于2006年正式编制完成。《绿法》源自对生态、环保理念的深刻理解，对中关村环保园定位和发展思路的准确把握，以及过去几年建设实践的系统总结。《绿法》体现出第三代科技园的核心思想，对未来园区的建设和管理工作形成有力指导。

随着园区开发建设、配套设施的逐步完善和园林景观的逐步形成，其特殊的吸引力逐步显现出来。2005年12月，华为公司与中关村环保园签约，成为首家入驻企业。此后，中科海讯等一批知名科技企业也相继签约入驻。良好的开端，让园区管理者们更加坚定了最初确定的开发思路。"山自然、水自由、人自在、情自得"的园区建设愿景目标更加清晰。

经过几年的建设，中关村环保园的环境优势已经彰显，处于同行业领先地位，但对于理想中的"精品园区"而言，仍存在很大的提升空间，需要不断强化才能保持竞争优势。中关村环保园以"美观、经济、实用"为原则，以"绿色、生态、环保"为主题，全面启动了园区景观提升。

3.2 提升期（2007—2010 年）：走绿色之路，建精品之园

随着中关村环保园由一级开发向二级建设与正式投入运营转移，北京实创环保发展有限公司以建设"精品园区"、园区开发的"百年老店"为目标，全面推进"生态、科技、文化"三位一体新型园区建设模式，持续加大园区园林环境建设的投入和工作力度，加强园区绿色环境的建设和管理，以此进一步提升园区吸引力和入园企业的满意度，力争尽早实现"山自然、水自由、人自在、情自得"的人文、自然境界。中关村环保园的建设进入提升期，即环境建设与文化建设兼顾的时期。

园区园林环境建设的思路进一步提升，围绕"生态、科技、文化"三个特征，开发和管理者们再次开展了园区整体园林环境的规划论证，并拟定了"整体规划、分步实施"的提升策略。同时，认真把握中关村环保园被住房和城乡建设部列为"大型园区综合环境改善与保障科技示范工程"的契机，严格贯彻实施《绿法》，加大节能降耗技术示范和应用，深入挖掘绿色园区内涵，巩固核心竞争力和市场领先地位。

2007—2010 年，中关村环保园在进一步扩大园区绿地面积的基础上，持续提升园林环境品质；加强绿地的布局和联系，形成有机联系的绿地系统；陆续增加园林景观构筑物、园林小品等，增加人文内涵；增加座凳、指示牌等配套设施，提升园林景观的使用功能。

园林环境建设理念和举措逐步体系化。依托独特的自然环境和区位优势，中关村环保园始终把"绿色、生态、环保"作为指导园区开发的核心理念，落实"山自然、人自由、人自在、情自得"的园区开发愿景目标，按照"经济、美观、实用"的原则不断实施环境建设和景观提升，形成"通而不畅、野而不乱"、"虽由人作、宛若天开"、"四季分明、长年有景"等具有环保园特色的园林环境建设系统化思路和举措。

重点实施景观斜轴带状区域内的景点塑造，园区城市次干道周边的绿化美化和入驻企业办公区绿篱建设等，园区生态环境质量和园林景观品质稳步提升。实施了湖区一期甬道的修建和湖区二期建设。完成了绿染春园主题广场、景观斜轴下沉广场、园区主要出入口的建设。实施了一路、二路和部分环路景观提

升，十四路、二路和春阳路入口改造，十三路、十四路、十五路、二十路和二十一路的建设等。为方便入园企业，启动了园中园内道路建设。经过反复协调，确定绿篱为园区内部主要分隔方式，避免了园区企业场地间的过度分割，为营建环境友好、资源共享型的现代化园区奠定了基础。2010年末，园区绿地面积总量超过40万平方米，绿化率超过50%，保有绿化植物180余种，达30余万株。

园区园林环境建设中积极融入文化元素。为增强园区特色和文化品位，对中关村环保园内已建成的道路、桥梁和人工湖等基础设施和景观节点进行了重新命名。新名称或借鉴传统文化经典语意，或源自园区文化和经营语汇，实现了传统文化和园区开发理念的巧妙结合，营造了独特的园区文化。尤其是部分景点的命名，以名点景，以景问名，相辅

相承，营造了良好的园林意境。如一路与周家巷沟交汇处的跨河桥，命名为"天清桥"，表达"天清地宁"的思想和"天人合一"的开发理念。二路与温泉跨河沟交汇处的跨河桥，命名"方圆桥"，取意自"天圆地方"的概念，表达了开发建设者宽敞、大气的胸怀和志向。二路与周家巷沟交汇处的跨河桥，命名为"鉴山桥"，表达鉴赏远山之意。命名人工湖为"静心湖"（后改称"齐物潭"），点出了湖区水质清澈透明、远山相依、绿草如茵的环境效果，游走湖边，令人心旷神怡、思绪宁静。园区道路全部使用植物名称来进行命名，如景天路、地锦路、忍冬路等。这种命名方式在城市和传统的科技园区中并不多见，一方面体现了创新性的思维，另一方面，也体现了科学性思维，充分契合了中关村环保园作为现代科技园的特点。与此同时，在道路、桥梁、人工湖的命名上，也再次实现了科技与文化的结合与互补，贯彻了园区环境建设的基本思路，彰显了园区作为第三代科技园区的特色。

　　加强景观节点和小品设施的打造，体现园区环境的人文关怀。在湖区、园区主入口、园区与社会道路重要交叉地点和园区内部重要节点增加景观设施和小品，不断提升园区文化品质，如鹿苑、吊桥、玉带桥、水车、秋千、雕塑小品、置石、栏杆（二路桥）

等，丰富了园林景观的人文内涵，增强了停留和游赏功能，体现了园区的人文关怀。实施了原动力空间一期（J07项目）和原动力空间二期（J03项目）绿化和小品工程。2008年6月，投资修建吊桥工程。位于环保园湖区一期中段，桥体设计体现生态、复古的特点。吊桥名曰"水调弯弯"。该景点的设计修建，有效烘托了园区优美的自然风貌，成为园林景观环境的一个亮点。

一系列生态基础设施开工并建设完成，在园区环境建设中充分融入最新科技成果。原动力空间一期雨水收集利用系统、废水利用系统建设完成，原动力空间二期楼体外墙运用清水混凝土和低辐射（Low-E玻璃），使园区环境向生态友好型不断迈进。着力完善了功能性湿地、水循环系统、中水回用系统等节能环保设施。雨水回收、中水回用、太阳能发电、功能湿地等节能环保技术在园区内广泛应用。科技元素在

中关村环保园的建设中也得以良好体现。

园区基础配套设施进一步增加。在园区主干路已经全线贯通的基础上，充分论证并启动了园区各支线的建设，为华为、中国人寿等入驻企业和科技人员提供便利的内部交通，再次体现了园区"以人为本"的开发理念，彰显了人文关怀。

在园林环境和基础设施建设稳步推进的同时，园区积极探索并适时总结开发理论成果。在原有《绿法》基础上，深入总结园区开发建设和管理经验，联合清华大学、北京林业大学等多所高等院校的专业人才，积极探索论证第三代科技园区开发建设的理论成果，科学支撑企业个性化、持续化发展模式。2008年，正式出版了国内首部第三代科技园理论专著，即《第三代科技园——中关村环保科技示范园发展探索和实践》。

园区管理能力不断加强，服务水平不断提升。2008年12月，北京实创环保发展有限公司将原建设管理部拆分为工程技术部和项目部两个部门，工程项目的建设管理能力有效增强。2010年，工程管理部门调整为合同预算部、规划建设部、工程管理部三个部门，管理力量进一步加强，为园区园林景观的进一步提升和扩展提供了支撑。2007年12月，组建成立中环园科技发展有限公司，负责园区园林景观的建设和物业管理，具体负责绿化管理，包括园区公共区域景观、绿化、水系等的更新和维护，实现了园区园林环境建设和管理的专业化。2009年，中关村环保园顺利取得城市园林资质（四级），标志着园区的园林建设和管理达到一定的技术水平。同年，中环园科技发展有限公司成功加入中国风景园林学会，为学习国内外先进园林建设经验、提升建设和管理水平创造了条件。在绿地管理上，对现有绿化养护单位的区域进行了重新划分，明晰了管理范围。同时，园区集中开展补栽、修剪、施肥、病虫害防治等基础养护工作，完善了绿化喷灌系统，绿化管理质量明显提升。

经过几年的努力，中关村环保园成功构筑了在"森林"中办公的空间格局。园林环境建设变中求新，绿色承载力和吸引力有效提升。一个借山临水、布局合理、景观优美、内涵丰富、功能齐备的园林绿地系统基本形成，"精品园区"形象基本显现，为园区的

经营、招商，品牌、知名度和效益的提升，提供了有力支撑，为建设"绿色、生态、环保"的世界一流科技园打下坚实的环境基础。2007年12月，公司正式上报为"北京市花园式单位"，表明园区园林环境品质得到高度认可。

随着园区园林环境的提升，园区吸引力持续增强。中科院龙芯产业园、光大环保公司、中国人寿研发中心、中国民生银行、国核电力规划设计研究院、中科院计算所"龙芯"项目、航天恒星等一大批科技领先科技企业先后入驻。中关村环保园朝着最初的发展目标又迈出了坚实的一步。

未来几年中，中关村环保园将继续以精品园区建设理念为依据，在园区环境建设过程中不断增加新特色、新亮点，以优美的自然环境、先进的科技手段、厚重的文化特色，构建园区可持续发展的基础，完全实现一流绿色科技园区的建设目标。2010年，环保园F-16项目将全面启动，公租房项目正式开工，园林景观建设也面临着新的任务和机遇。随着园区西部区块开发建设的展开，园区河道整治及环境提升等相关工作列入日程，园区环境建设的广度和深度将进一步扩展。从科技园整体发展的角度，也将赋予园林环境建设更多的内涵。

3.3 深化期（2011—2013年）：提升园区品质，完善商务服务

2010年8月，北京市、海淀区政府通过海淀北部研发服务与高新技术产业聚集区发展规划。根据新规划，海淀北部新增规划土地约25平方公里，其中北京实创环保发展有限公司承担11.57平方公里，

占将近一半比重，建筑面积约800万平方米，初步估算总投资约500亿。新增部分位于中关村创新园和中关村环保园的东西两侧，与中关村创新园、中关村环保园统称为"翠湖科技园"。

　　"翠湖科技园"的规划和建设为中关村环保园的建设和开发提供了新的机遇。根据翠湖科技园的建设要求，中关村环保园在原来生态环境、园林景观建设的基础上，力争建设成为集中展示翠湖科技园作为第三代科技园区建设和产业发展成就的窗口，实践翠湖科技园"智慧、生态、人文"规划理念的集中试点区。根据新的定位，中关村环保园继续提升园区的园林环境品质，不断丰富园林环境配套功能，深入挖掘园林环境的综合服务能力，着力改善园区商务环境，并在智慧、生态园区建设方面迈出了实质性步伐。

　　2011—2013年，中关村环保园紧紧围绕"建精品园区、招高端企业、创最佳效益"的建园宗旨，持续进行市政道路、指示系统等基础设施建设，加速完善园区配套设施。十二路、十六路、十七路、二十一路和十路南段先后建设完成。建设了LED展示屏幕、商务导引系统和建筑物夜景亮化试点（J03、F16）等项目，园区友好便捷性明显提升。

作为园区配套的重要组成部分，园区园林环境进一步提升品质、扩展范围、完善功能，塑造北部园区的形象典范，彰显翠湖科技园第三代科技园特色，为智慧、生态园区建设提供支撑。按照"统一规划、分步实施"的原则，以中心园林景观区三期为重点，完成了功能性湿地南侧景观小品组团，进一步完善和提升了湖区二期景观绿化和环境品质；完成京密引水渠北侧绿化带设计方案，为全面实施做好准备。地锦路南侧在建、待建区环境治理和周边公共区域景观绿化工程先后实施。

一系列景观建筑和雕塑作品设计并建设落成，包括湖区云中君景观阁、三阅亭、牌坊、门阙、文化广场、湿地景观雕塑等，增加了园林景观公共空间，提升园区配套服务能力。以建设"专、精、特、新"产业园为目标，启动了园中园建设。启动并完成了周家巷沟治理论证和设计，为维持园区园林景观体系的生态完整性奠定了基础。

按照"能说、能听、能看"的标准，中关村环保园完成智慧生态园区基础构架搭建，创新展示功能初步具备，以"云能效"项目为核心的智慧生态园区融合示范项目启动实施。2013年，智慧生态园区一期试点工程建设完成，并具备展示条件。

"3-3-263加速器"项目、公租房等一批功能性的服务设施和项目启动规划和建设。针对园区办公人员、常住人口和开业投产企业快速增长的趋势，园区启动了超市、幼儿园、运动场等社区配套施工，园区更加人性化、商务化和便捷化。

以提升园区品质为着力点，不断完善配套设施，

继续探索特色园区管理模式。在提升园区服务体系的同时，积极发挥园区对区域经济、社会发展的带动作用，实现镇域经济发展。2012 年，合并规划设计部和工程管理部为"规划建设部"，负责园区二级项目规划、设计和前期手续办理，园区市政、能源配套规划建设和园区自建项目工程建设管理工作。部门调整适应了园区功能提升和服务综合化的新要求。

经过三年的努力，园区园林范围再次扩大、景观品质大幅度提升，综合服务功能凸显，实现了再一次飞跃。2013 年底，园区绿化总面积（含水域）保持在 46 万平方米以上，园区内植物种类 200 余种，物种多样性和生物绿量均进一步提升。智慧园区和商务氛围营造工作取得较大进展，园区办公和生活环境初步成熟。园区商业环境和园区景观相互交融，相辅相成，展现了新发展阶段翠湖科技园建成区的全新形象，在第三代科技园发展道路上又迈出了重要步伐。

未来，随着园区的建设和开发逐步进入后期，园区工作重心逐步由招商转入服务。中关村环保园将以园林环境为载体，进一步完善配套，实现全方位服务，营造"优质环境、独特文化、智慧管理、综合服务"的环保科技新城。

3.4 完善期（2014—2018 年）：创新园区服务，建设科技城市

2014 年起，中关村环保园进入新的发展阶段，北京实创环保发展有限公司面临着"一级开发任务过半、自建开发储备断档、创新服务刚刚起步"的局面，必须加快完成从园区开发商向园区运营商的转变。为此，园区确定了三大工作目标：一是获取新开发项目资源；二是提升自持物业运营效益；三是尽快

形成创新企业投融资服务和智慧办公服务两大业务板块。园区将创新服务确定为公司正在打造的新的核心竞争力，也是公司正在培育的新的利润增长点。

园区将园林环境景观作为创新服务的载体和首要建设内容。2014—2016年，进一步增加园林景观建筑，完善园区景观服务功能；持续提升湖区景观、实施湖区沿岸亮化等；修建园区慢行系统（包必达小道、众拥小道等），使园区向宜居、宜游、宜业的科技产业城镇方向发展。

西区生态治理工程全面启动。中关村环保园河道（周家巷沟及温泉沟）综合治理工程开工建设。周家巷沟（园区内段）长约1240米，温泉沟（园区内段）长约690米，两条巷沟均达不到排洪要求，存在较大生态安全隐患。经反复论证，项目设计河道防洪标准和跌水均为20年一遇，50年一遇洪水校核。该工程建成后，产生了显著的防洪、蓄水、环境等社会效益。

中心湖区景观再次提升，功能更加完善。2014年10月，实施中心湖区景观提升工程。工程面积4.8万平方米，其中景观绿化提升面积2.7万平方米，湖区驳岸改造、清淤面积2.1万平方米。原有湖一区的湖面及河道进行拓宽，使湖一、二期水域部分

山自然

水自由

人自在

情自得

贯通在一起，增加了湖区湖面的整体面积。对湖一期北岸、一、二期湖区连接河道的驳岸重新砌筑，并堆叠了景观石。沿着湖区岸线，东侧入口门楼、廊桥、九格、日晷、迷宫等一批新的景观建筑和小品相继完成，园区人文气息更加浓厚。2015年，针对园区桥梁栏杆和绿染春园雕塑陈旧、局部破损的情况，对其进行修缮和景观提升。湖区卫生间建设完成，服务配套更加完善。

主干道绿化景观再次进行提升。地锦路沿线的绿化植物景观，进行了全面的设计和调整。地锦路东段为园区的重点展示段，除路面翻新外，以入口改造及绿化整治为主，形成完整统一的对外展示形象。在绿化整治方面，以低矮灌木及草本种植为主，增加常绿乔木种植量。中段和西段在增加植物层次的同时，重点增加休憩空间和景观小品，提高道路景观的宜用度。

园区慢行系统启动建设并阶段性完成。慢行系统打通了道路系统微循环，增强园林区块之间，以及园林区域与办公区域、生活区域的联系，在增加道路便捷性的同时，提高了园林景观的使用频率，方便了园区工作和生活。首段（220 地块—207 地块）于 2016 年 4 月开工，6 月完工。园区慢行系统的建设，标志着园区"人本精神"的进一步落地，中关村环保园朝着"宜业、宜居、宜游"的方向又前进了一步。

园中园建设逐步展开。除了入驻企业自建的园林景观外，作为园区重要的公共建筑，"3-3-263 自建企业加速器"项目的园林景观也设计并建设完成。

南侧公共绿地景观工程顺利启动。南侧公共绿地位于京密引水渠北侧，东至稻香湖路，西至温阳路，面积约 16.71 万平方米。期间，南侧公共绿地进行论证、设计，最终定位为城市森林综合体，以林带为基础形态，以树林、微地形为主基调，结合园区现有停车场、运动场，并在林带中镶嵌配套性质的小规模

运动、游乐、休闲、科普等功能空间及项目。工程前期架空线入地及地上物清理等前期准备已有序实施。

园区绿化管理不断加强。园区绿化总面积保持在 46 万平方米以上，园区内植物种类 200 余种。期间，对园区内所有落叶乔木、高灌木进行涂白，提高苗木抗病虫害能力及越冬防寒能力。针对春、夏季病虫害多发特点，安排、督促养护单位增加打药次数，并配合林业站进行两次美国白蛾防治工作。湖区及河道绿化用水表申报并安装完成，保障了园区绿化养护用水。

实施湖区景观亮化工程，增强夜间景观效果和使用功能。先后对湖区二期的重点区域和景观建筑实施了亮化，增强了夜景照明。工程实施后，夜间景观效果明显提升，满足了园区内的夜间休闲和活动需求。

在做好园林环境景观建设和管护的同时，中关村环保园着力提升园区的生态质量和智慧化管理水平，朝着生态园区和智慧园区方向稳定迈进。2015 年，智慧翠湖能源监控平台项目二期工程启动。智慧园区一、二期工程完成，园区无线网络布置完成。交通标志信号系统、商务导视系统进一步完善。园区充分发挥翠湖科技园自然、科技、人文优势，大力发展战略

性新型产业，促进富有活力的产业集群的快速衍生成长，在合理、高效利用资源的前提下，建设生态、低碳、开放的自然环境、人文环境和创新环境，成为"生态良好、创新引领、产业集群、用地集约、设施配套、城乡一体"的世界领先的研发服务和高技术产业聚集区的典范。规划目标是要把翠湖科技园打造成一个生态化的"五型"园区："创新型"园区（体制、科技）、"效益型"园区（生态、经济）、"和谐型"园区（文化、团队）、"绿色型"园区（景观、产业）、"集群型"园区（系统、集成）。中关村环保园作为"五型"园区建设的主要阵地，在实施层面，一方面，加强园区企业之间的交流，通过物质、能量和信息交换所构成的生态链，实现物质和能量的充分利用；另一方面，园区加强与周边地区的互动，实现基础设施共享，拓展物质集成的空间。

持续创新服务体系，拓展服务内容。针对园区企业需要，园区适时推出了城市服务和培育科技服务。筹建约 5000 平方米的城市景观综合体、4000 平方米创新型孵化器和新三板企业基地，投资入股北京实创科技投资有限公司，初步构建覆盖从巨型企业到微型企业、从办公环境提供到资讯、金融、物业等综合服务共享、宜业、宜居、宜商的差异化科技社区生态

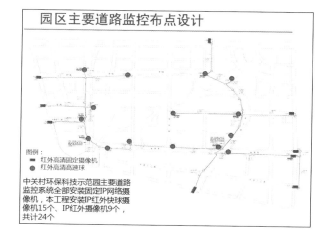

园区主要道路监控布点设计

图例：
■ 红外高清固定摄像机
● 红外高清高速球

中关村环保科技示范园主要道路监控系统全部安装固定IP网络摄像机，本工程安装IP红外快球摄像机15个，IP红外摄像机9个，共计24个

圈，多个具有联合、共享性质的办公和商务空间相继建设完成，如263地块C6楼设置了联合办公空间、J07地块A楼商务会谈空间、社区公共商业活动空间等。另外，以共享经济为理念，以企业会员制为经营模式，由环保园专门打造了一个为园区企业服务的"企业会展文化综合体"（众展空间）。园区公共体育设施二期、商务通勤班车二期和自住型商品房先后开工建设。

2014年以来，北京安控科技股份有限公司、中公高科（北京）养护科技有限公司、盛景网联企业管理顾问有限公司、北京信威通信科技股份有限公司、北京中科联众科技股份有限公司、中软国际科技服务有限公司、航天恒星科技有限公司等一批富有活力的企业相继签约入驻。

几年中，中关村环保园作为第三代科技园的新兴力量，紧紧抓住打造国内外知名生态、科技新城的重要时期，依据循环经济和生态环境相结合的理念，进一步优化产业结构，加快基础设计建设，充分发挥园区在能源环保领域的技术和人才优势，以"智慧翠湖、生态翠湖、人文翠湖"为整体规划建设理念，将园区建设成为"科技创新引领、高端产业聚集、绿色生态示范、人文交互共生"的绿色科技园区。

3.5 与科技园同步生长的园林

中关村环保园的环境提升和园林景观建设，是在"定位高端、环境先行、生态和谐、天人合一"开发理念的指引下，以营造"山自然、水自由、人自在、情自得"的自然人文境界为目标，以精品园区建设为手段，在不断思考和提升服务的前提下逐步发展起来的。随着科技园建设的不同阶段和定位转变，园林景观建设由最初的绿化美化、构筑山水体系，到各个景区景点和配套设施的建设完善，逐步在生态的基础上，融入科技和文化元素，丰富内涵和功能，最终成为科技园中必不可少的组成部分和第三代科技园的典型特征之一。

未来的一段时期，中关村环保园将继续保持先进的建园理念，依托产业聚集和生态环境方面的领先优势，不断创新发展思路，进一步打造成为北部科技园区的展示窗口和标杆式园区，立足全国科技创新示范核心区的功能定位，建设"宜居、宜业、产城融合发展"的新型园区。在园林景观方面，应继续做好现有园区景观的维护、提升，稳步推进在建和待建区块的园林景观建设。深入挖掘园区景观功能、融入更多文化内涵，使其成为新型园区形态和创新生态体系建设的有力支撑，更好地服务于科技微城市建设。

04

营造：
科技园里的
园林

中关村环保园的园林环境设计，坚持"生态和谐、天人合一"的基本理念，追求"通而不畅、野而不乱"的总体效果和"虽由人作、宛若天开"的艺术境界，力求空间的合理布局，实现"蓝绿交织、水绿相融"的空间格局，呈现"四季分明、长年有景"的园区景象。

中关村环保园的园林环境营造，融合生态、科技、文化三个元素，结合科技园属性和功能特征，分析科技企业和科技人员需求，探索园林建设手法的创新和园林功能的多样化，呈现出不一样的园林空间和科技文化氛围。

4.1 基本理念

4.1.1 尊重自然、重在生态

中关村环保园的园林景观规划，遵循中国古人在处理人与自然关系时主张的"天人合一"理念。规划之初，即确立了"以营造自然环境为主"的园区建设模式。充分分析场地现状，理水修湖、疏浚河道，顺天应势，维护生态安全。保护场地内原有植被，增种乡土树种，增加物种多样性，着力营造绿色基底。控制建筑密度，减少人为环境干预，尽可能避免建设对场地生态的破坏，"将建筑栽种在绿荫掩映之中"，充分体现人与自然和谐共存的原则。园区内多达数万平方米的湖面、水系和人工湿地，在有效调整地区水文生态的前提下，也成为鸟类栖息和繁衍的天堂。

4.1.2 因借山水、融合人文

中关村环保园的园林景观设计，吸取中国古典园林精华，充分利用场地周边的山水关系，巧于因借，维护了园区特有的山水空间构架，从而也成为园区景观鲜明的特色和独特的优势。园区的园林景观注重将自然与人文的融合，核心组团、主体建筑、重要节点的设计、命名等，均引入传统文化元素和寓意，表达佛家"一花一世界、一土一如来"思想和西方"一朵野花觅天堂、一粒沙中看世界、一时之间存永恒、一掌之中握乾坤"的价值观和哲学思想，于精微处体现对于自然的珍重。

4.1.3 不拘一格、体现科技

中关村环保园的园林景观建设，尤其亭台、楼阁等的景观建筑，借鉴和吸收了中国传统的汉、唐、明、清等民族建筑、甚至海外园林建筑的风格，又加以创新性发挥，形成环保园富有特色的景观风貌。建筑看上去似曾相识，又别具一格，建设者们称之为"四不像"。正是在这种思路的引导下，园林建筑又恰恰体现了"实用、简洁和美观"设计原则。园区的园林环境，尽可能融入科技元素，体现科技园的特色，如在照明方案、雕塑方案中，尽可能采用先进材料，通过景观作品，传播科技思想和理念。

4.1.4 合理布局、自成体系

中关村环保园的园林景观建设是一个循序渐进、逐步深入的过程。园区总体规划没有沿袭传统科技园纵横式的布局，而是结合场地特点，采用了自由式、无中心、组团式布局。景观斜轴是规划上的一

① 绿染春园	40000平方米
② 下沉广场花园	30000平方米
③ 齐物潭	13000平方米
④ 博厚台	4000平方米
⑤ 周家巷沟景观河道一期	170000平方米
⑥ 周家巷沟景观河道二期	40000平方米
⑦ 滨河城市森林	180000平方米
⑧ 商务区绿廊	40000平方米

个重要突破，也构成了园区规划最具活力的因素之一。至今，园区已形成中心公共绿地、道路绿地、单位附属绿地、外围防护绿地共同组成的绿地系统，满足了园区内外人群的多样性需求。园区景观节点和景观构筑物的设计和施工，均广为借鉴、博采众长，反复推敲、论证，最终形成了具有自身特色的园林景观体系。

4.2　总体空间格局

经过多年持续的建设、调整和提升，中关村环保园的园林景观已趋成形。总体来看，由公共园林（公共绿地）、道路景观（道路绿地）、园中园（单位附属绿地）和外围景观（外围防护绿地）四部分构成。

4.2.1　公共园林

公共园林是园区园林景观的核心，呈现出"一轴、四组团、多节点"的空间布局。

一轴：即自园区东北角延伸向中心湖区的斜向。带状绿地区域，也称景观斜廊。

四组团：即齐物潭、博厚台、逍遥津和如许园四个组团。齐物潭，即以湖区一二期为中心，辐射至三阅阁、绿染春园广场、"紫气东来"门等组成的区域，也是全园首先设计和建设的组团。博厚台，位于园区中心湖区以西，以3-3-192地块为中心的区域，是全园的最高点和中心绿地组团。如许园，位于园区南侧，是京密引水渠以北的带状绿地区域。逍遥津，是园区西部周家巷沟和温泉沟河道及周边绿地。

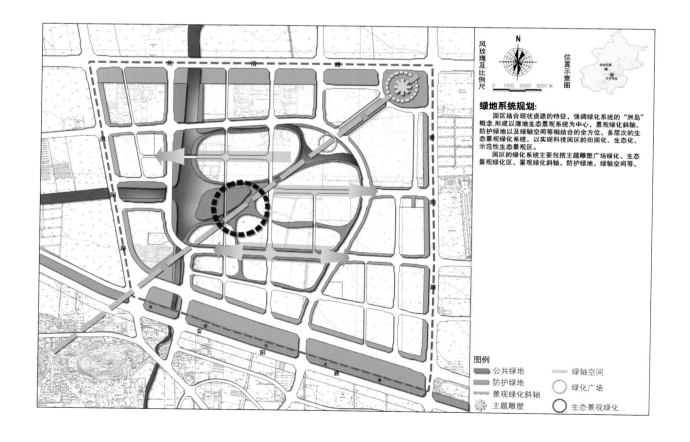

风玫瑰及比例尺

N

位置示意图

0　1000　2000　3000 米

绿地系统规划：

园区结合现状资源的特征，强调绿化系统的"洲岛"概念,形成以湿地生态景观系统为中心，景观绿化斜轴、防护绿地以及绿轴空间等相结合的全方位、多层次的生态景观绿化系统，以实现科技园区的田园化、生态化、示范性生态景观区。

园区的绿化系统主要包括主题雕塑广场绿化、生态景观绿化区、景观绿化斜轴、防护绿地、绿轴空间等。

图例

公共绿地　　　　绿轴空间
防护绿地　　　　绿化广场
景观绿化斜轴
主题雕塑　　　　生态景观绿化

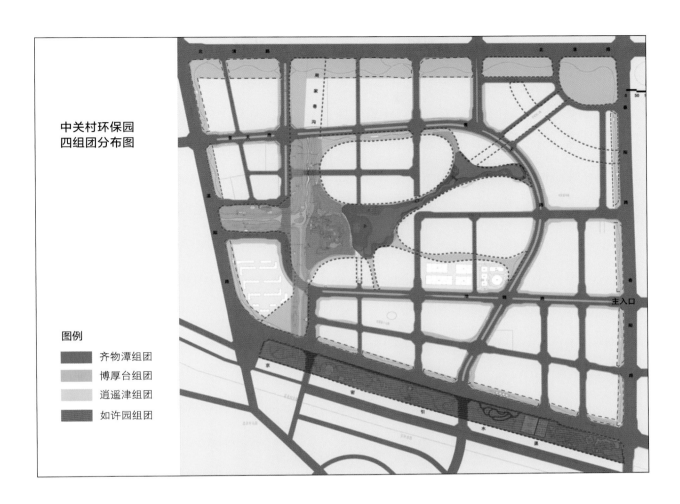

中关村环保园
四组团分布图

图例

■ 齐物潭组团
■ 博厚台组团
■ 逍遥津组团
■ 如许园组团

　　多节点：分布于重要位置、交通节点和公共建筑区域的广场等区域，如中心景观区文化广场、原动力空间一期绿地、3-3-263 绿地等。

4.2.2 道路景观

　　道路景观包括连接园区的内外环线及沿线的绿化，是重要的带状绿地和景观空间。园区道路均以植物名字命名，如地锦路、凌霄路、忍冬路等，形成环保园一个鲜明的特色。

4.2.3 园中园

　　园中园是指部分入驻企业单位在自有办公空间内设计建设的绿地和景观，是园区园林景观不可或缺的组成部分。为保持各区块的联系和园区的整体性，环保园要求各自有绿地围而不合，材料只能用绿篱，不能用围墙。在此基础上，各园因地制宜，形成若干处相对独立、特色鲜明的园林景观空间，如国核苑、雀巢苑、龙芯苑等。

4.2.4 外围景观

　　外围景观是指中关村环保园与外围道路交接区域的绿地，同时具有市政道路防护绿地性质的园林景观空间。

4.3 园林景观空间和节点

4.3.1 景观斜轴

即园区东北角延伸向中心湖区的斜向景观轴，包括"绿染春园主题广场"、下沉广场和"中心湖区"的部分绿地。景观斜轴是中关村环保园总体规划的重要特色之一，是园区"非对称、无中心"布局的重要体现。景观斜轴也是全园园林景观建设最先启动的一个区域，前后经历了 10 余年的精心打造。

4.3.2 齐物潭组团

齐物潭是环保园湖区的统称，包含一期湖区和二期湖区。

齐物潭组团是园区中心人工湖及周围绿地区域，含有众多的景观构筑物和景观节点，是全园最重要的公共绿地。

组团名称充分贴合组团内的地形风貌和景观特色，凝结了浓厚的传统文化思想。齐物潭，名字源于老子的《齐物论》；"齐物"乃"万物皆统一，无有分别"。齐物潭四周，远山朦胧，近水潺潺，绿树滴翠，天朗气清，山水相融，动静相宜，众物和谐，共生共荣，天地统一，正好彰显了"齐物"思想。置身于此，方能感受内心与自然的共鸣，暂忘"物我之别，是非之辩"，体会"天地与我并生，万物与我为一"的"齐物"之感。同时，也反映了建设者们"尊重自然、顺应自然"的开发理念，故而以齐物潭命名。

齐物潭的设计基于园区开发前的场地特征，是顺其自然、因地制宜的杰作。园区所在区域，属于典型的京西北低洼湿地，曾以水稻种植为主要生产内容。开发前，虽然稻田已不在，但每到雨季，场地内常常积水，留下若干处面积不等的低洼水塘等。

中关村环保园的建设者们，正是考虑了场地的这一特征，本着尊重自然的态度，未将其进行填埋，用作建筑开发，而是将其进行认真的疏浚整理，并进行持续地建设和景观提升，最终打造为水清、树绿、景美的湖区景观，成为园区一张亮丽的名片，在整个翠湖科技园及其周边地区，也是不可多得的景致之一。

齐物潭组团

1 云中阁
2 三阅亭
3 鹿苑
4 清界石
5 莲花渚
6 玉带桥
7 礼乐坊
8 水车
9 九格
10 日晷广场
11 廊桥
12 方圆迷宫
13 东门

　　齐物潭于 2005 年开始动土建设，先后进行了为期 10 余年的持续整治和景观提升。2006 年，沿湖修建甬道。2008 年，投资 300 万元，对湖区绿化景观进行提升，修建拱桥、水车等景观构筑物，种植荷花、菖蒲在内的水生植物 5500 平方米，新增绿化面积 29800 平方米，建设葡萄架 300 平方米。2010 年后，湖区驳岸进行二次整修，沿湖新修了云中君（景观阁）、三阅亭、九格、廊桥、门楼（东入口）等景观建筑，增加公共厕所、坐凳等服务设施，不仅增加了园区景观的可停留性，更为提升园区环境品质发挥了积极作用。

　　齐物潭不单纯是一处用于观赏的水景，它还承担着蓄洪降涝、引水济园等功能，是园区水生态循环的重要组成。一方面，它维护了地区水文生态，减少了雨水外流，提高了水资源利用率；另一方面，它为园区的苗木灌溉提供了水源，是节约型园林思想的重要实践。

　　齐物潭组团重要节点包括：

1. 云中君

云中君坐落于齐物潭二期湖区东岸，占据了齐物潭组团最为重要的位置，是一组中式景观阁式建筑。它是齐物潭二期湖区东西两岸对景的组成部分，也是东岸的景观视线焦点。

云中君始建于 2012 年，完成于 2013 年，是园区园林景观深化期的重要建设内容之一。建筑面积约 510 平方米，高 9.6 米，设计以木结构为主体，整体采用唐宋建筑风格，既有唐朝建筑的大气宏伟，又在细微处体现了宋朝建筑的华贵精细，富有特色。

在功能上，云中君是园区"入园企业服务平台"建设的重要内容和服务提升的重要体现。自 2012 年以来，中关园环保园不断加强入园企业服务，遵循"好园子、好企业、好邻居、好朋友"的四好主张，为入园企业商务交流提供渠道和场地，共同分享信息资源和环境资源。云中君的建设受到了入园企业和园外客人的广泛赞许。

九歌·云中君

浴兰汤兮沐芳，华采衣兮若英。
灵连蜷兮既留，烂昭昭兮未央。
蹇将憺兮寿宫，与日月兮齐光。
龙驾兮帝服，聊翱游兮周章。
灵皇皇兮既降，猋远举兮云中。
览冀州兮有余，横四海兮焉穷。
思夫君兮太息，极劳心兮忡忡。

（引自 屈原的组诗《九歌》）

庭院深深深几许，杨柳堆烟，帘幕无重数，
玉勒雕鞍游冶处，楼高不见章台路，
身处云中君，
观"春有百花秋有月，夏有凉风冬有雪"之景，
品"笑看风轻云淡，闲听花静鸟喧"之境，
寒夜客来茶当酒，竹炉汤沸火初红，
身体，
抑或是灵魂，
那份归属感
油然而生！

2. 三阅亭

三阅亭位于齐物潭二期湖区的西岸，云中君的对面，二者互为对景关系。它是一座两层仿古亭，是齐物潭组团又一重要景观建筑。

三阅亭始建于 2012 年，完成于 2013 年。建筑面积约 400 平方米，高约 9 米，由平台层和六角亭结合而成。

自古以来，建亭既要使入内歇足休息的人有景可赏，同时更要考虑建亭后成为一处园林美景，《园冶》中对于亭子有一段精彩的描述："花间隐榭，水际安亭，斯园林而得致者。惟榭只隐花间，亭胡拘水际，通泉竹里，按景山颠，或翠筠茂密之阿；苍松蟠郁之

麓；或借濠濮之上，入想观鱼；倘支沧浪之中，非歌濯足。亭安有式，基立无凭。"

三阅亭也不例外，在园区景观内起到画龙点睛的作用。它位于绿化山丘之巅，形成湖区景观制高点和视觉焦点。同时，它与东岸的云中君景观阁隔水对望，形成良好的对景关系。三阅亭也是园区内非常难得的观景佳所，位于亭中，齐物潭组团美景尽收眼中，令人心旷神怡。

一篇《三阅亭记》，恰如其分地描绘了周边景致和园林意境。

古有庐陵醉翁"在乎山水之间也"，今有越栏阅景乃心悦之乐，实乃人生一大乐事。

三阅亭记

"鹤鸣于九皋，鹿驰于方圆，山环水抱而得其势者，谓之环保园。

行于园，春则碧草铺茵，夏则碧荷如盘，秋则红叶穿林，冬则寒水凝碧。

涉小溪，行石涧，穿林木，萧然绝俗而心胸顿开。绕醉鱼而行，转玉带而上，而豁然得一小平，谓之湿地。

湿地者，集水、静污而得自然者为之效。其地势坤，其境异，而作亭于其上。

行者至此，倚仗栏，荫茂木，俯视溪谷，仰瞻风云，超然于尘垢之外，未有不洒然而自笑者也。

建此亭，坐一刻无分宾主，谈两句各走东西，振之以清风，照之以明月，越其栏，阅其景，而心悦其境，故曰之为三阅亭。"

爱极了这处亭子，
熠熠的阳光洒落在亭顶上，
那灰色的青瓦无比神圣。
朱红色的圆柱泛着红光，
显得格外耀眼。
透过这优雅的空间看向亭外的风景，
顿觉心旷神怡。
立于远处，
绿树阴浓夏日长，
楼台倒影入池塘，
好一番闲适悠乐！

3. 鹿苑

鹿苑同样位于二期湖区的西岸，三阅亭所在地形的西侧。

鹿苑始建于 2007 年 12 月，占地约 600 平方米。2009 年，中关村环保园对鹿苑周边环境进行了二次整治提升，补植了白皮松、石榴、枣树等树种，以及爬藤月季、蔷薇等藤蔓植物。

鹿苑整体环境设计风格自然、质朴，融入了大量中国乡间文化元素，具有浓郁的乡土氛围和强烈的自然生态气息。鹿苑内饲养了五只梅花鹿，颇受员工、特别是儿童的欢迎。

鹿苑的建设出于两方面考虑：一方面，旨在营造一处具有乡土田园风格的景观空间，增加园区景观特色，进一步提升园区的环境品质。从实际结果

来看，鹿苑的建成的确给园区增加了一道亮丽的风景；另一方面，表达一种美好的寓意。在中国传统文化中，"鹿"通"禄"，寓意着幸福和吉祥。同时，"鹿"读音通"路"。鹿苑也表达了中关村环保园的建设者们在建园之初，本着开拓务实的态度，不断探索的精神。

在古代文学中，存有不少关于鹿苑的记载，如：

《春秋·成公十八年》"筑鹿囿"[（晋）杜预]注："筑墙为鹿苑。"

《蒜山被始兴王命作》[（南朝　宋）鲍照]诗："鹿苑岂淹眄，兔园不足留。"

《十洲春语·品艳》（清）二石生："犹记其靫轻烟，曳文雾，下六萌油碧，以宫绡扇障鬓，依母向鹿苑中，为荷花祝生日。"

可见，鹿苑是指饲养鹿的园囿。它很早就是中国传统园林的重要组成部分，具有悠久的历史。据载，清光绪年间曾在盛京建皇家鹿苑，是我国人工饲养梅花鹿的开端。现存的鹿苑有位于北京南海子的麋鹿苑等。在现代的动物园中，鹿的专类园则更为多见。鹿苑也是中国古典园林中，以动物饲养、观赏为主要内容的园林形式。

从这个层面上，环保园的鹿苑建设，无疑很好地沿袭了中国传统园林的脉络，表达了"天人合一"的造园思想，在文化上，也是对中国传统文化的继承和弘扬，具有双重的意义。

2018 年，对鹿苑开展了再一次改造提升，建设正在进行中。

4. 莲花渚

莲花渚位于鹿苑北侧一处筑起的台地上，于2017年7月修建完成。台地中心，挖出一处近圆形浅水塘，内植睡莲和荷花等水生花卉，在园区中又多出一处备受欢迎的赏莲场所。

一片浓荫之下，莲花静静开放，置身于此，心灵涤荡，烦念皆无。

5. 清界瀑和清界石

穿过莲花渚向北，就来到一处跌水瀑布。在高约 2.5 米的人工堆山上，瀑布倾泻而下，背山而面北，瀑下一池浅水，一条人行小道蜿蜒而过，营造了曲径通幽之感。在山的南侧，闻声而不见水，转至山后，郁郁的林下，一道清瀑跃至眼前，令人眼前一亮，清心清水、怡然自得。清界瀑和清界石位于鹿苑的两侧，与人工湿地相连。

湿地有净水之功效，浊水流经湿地，化为清水流出，此乃"清"也。俯瞰大地，湿地呈"田"字形，两条河流互为撇捺，地形宛如"界"字；且依托湿地，划地为界，分割两方，此乃"界"也。此乃"清界"两字之来由。

2009 年 5 月，原有瀑布加宽至 3.5 米，增强了瀑布的观赏性。同时，在瀑布北角置石一块，石体上刻《清界记》一文。

清界石在这里发挥了很好的点景功能。在瀑布东侧，栽种"迎客松"一株，与鹿苑北侧新栽植的"小迎客松"遥相呼应，松风、水声、蝉鸣、倒影，共同塑造出中式园林意境清心而致远。

清界记

鹤鸣于九峰，鹿驰于方圆。
山环水抱而得其势者，
谓之环保园。
上清浊流，下温玉溪，
萧然。
绝俗而心胸顿开，
故清心清水，
逸心庭曰为清界。

6. 玉带桥

沿着清界瀑侧的园路向东，在二期湖区西北角位置，是一座拱形景观桥，因形似玉带，故称作玉带桥。

玉带桥始建于 2008 年 4 月，跨越了二期湖区和湿地区域相连的。玉带桥通体洁白，线条流畅。设计风格自然古朴，远望犹如一条白带绸带点缀在碧波粼粼的人工湖上，西北隅桥四周，树木、花草郁郁葱葱，春水、夏花、秋风、冬雪、四季景色各异，精彩纷呈。登上玉带桥向东远眺，二期湖区美景则尽收眼底。

7. 礼乐坊

跨过玉带桥，就来到礼乐坊。礼乐坊面南而建，与玉带桥相对。坊的东西两侧，堆坡筑起地形，前面围合成一个广场，坊的北侧则是中国人寿股份有限公司办公区。

礼乐坊是一处以演出为主要功能的建筑，于2017年7月开工建设，2018年6月竣工完成。

礼乐坊的设计主要参考沙溪古镇古戏台的样式。在沙溪古镇，古戏台是寺登四方街上最有特色的建筑，它位于四方街东面建筑群中央临街位置，与西面兴教寺殿宇、寺门建筑形成一条中轴线，将古四方街平分为南北两半，从而划定为各类生意经营范围提供了实物标志。古戏台主体建筑结构是魁星阁，戏台只是其附带功能，是当地白族人民敬奉魁星的地方，其

建筑高三层，前戏台，后高阁。建筑结构精巧，出角十二角，翼然若飞。虽经修缮，但基本上保持了原建筑风貌。

礼乐坊在古戏台的基础上，有明显创新。第一，将戏台、背景墙和廊等多种建筑形式整体化设计和建造，彼此融为一体；第二，简化了部分细部构造，使外观更加简洁，与园区环境更为协调；第三，部分构件用混凝土替代，不再采用木材，融入了现代材料和工艺。

礼乐坊是园区内进行演出和集会活动的重要场所，为园区企业和科技人员互动、科技思想交流碰撞提供了便利场地。同时，它也是中关村环保园近年建成的重要文化设施之一，是构建新型城市形态、提升科技服务手段方面进行的重要探索。

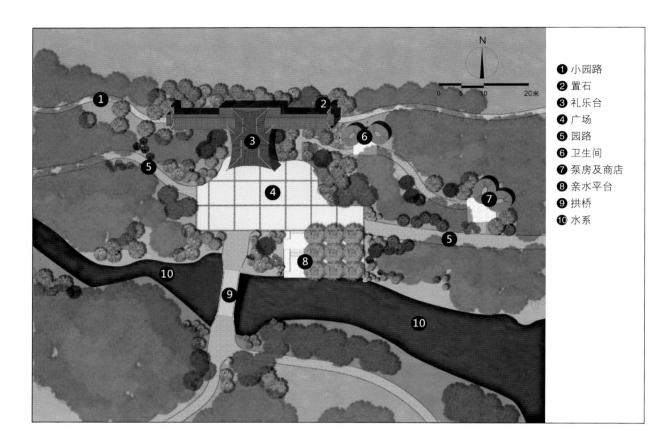

① 小园路
② 置石
③ 礼乐台
④ 广场
⑤ 园路
⑥ 卫生间
⑦ 泵房及商店
⑧ 亲水平台
⑨ 拱桥
⑩ 水系

8. 水车

从礼乐坊位置，沿二期湖区北岸园路向东，不远就可看到位于湖畔的一处景观水车，构成了齐物潭畔富有农耕文化特色的一处景观小品。

水车于 2008 年设计并建设完成，是中关村环保园建设初期完成的景观构筑物之一，也是二期湖区北岸的重要景观节点之一。

水车整体为木质结构，高度约 3.5 米，设计风格复古、生态，雄浑粗犷、不失风雅。

水车是古代劳动人民智慧的体现，也是中国传统农耕文化的重要元素。《宋史·河渠志五》："地高则用水车汲引，灌溉甚便。"这是水车最为普遍的释义；南梁宗懔《荆楚岁时记》："按五月五日竞渡，俗为屈原投汨罗日，伤其死，故并命舟楫以拯之。舸舟

取其轻利，谓之飞凫，一自以为水车，一自以为水马。"而对于水车，楚辞中有更美的解释，《楚辞·九歌·河伯》："乘水车兮荷盖，驾两龙兮骖螭。"

　　园区内水车的建设，一方面出于造景目的，另一方面，旨在保留场地的一种记忆。前文有述，中关村环保园所在场地原为低洼水田，以水稻种植为主。在历史上，水车常常也是与水田相伴存在的，是传统乡村景观的重要内容。中关村环保园的建设，虽然改变了场地原貌和原初用途，但水车的存在，隐约向人们提示这里的过去，曾经拥有的田园风光。

　　水车与湖面及周围绿化相得益彰，浑然一体。同时，水车还具有实用功能，它将湖区内水汲取并输送至湖区北端的一处水塘，灌溉了其中的水生花卉，一片水乡风光悦然眼前。

9. 九格

走过水车不远，一座人造假山就阒然眼前了，假山横跨在园路之上。山上一组景观阁，即九格，也称望水阁。九格位于连接着一期湖区和二期湖区河道中段北侧，也是中关村环保园十三路的北端，为十三路北侧对景建筑。

九格的设计将石山和阁进行掩映和衬托，充分体现园区设计中的虚实结合之美。像沈复所讲："虚中有实者，或山穷水尽处，一折而豁然开朗；或轩阁设厨处，一开而可通别院。实中有虚者，开门于不通之院，映以竹石，如有实也；设矮廊于墙头，如上有月台，而实虚也。"

九格于2014年10月开工建设，2015年7月竣工。它的建筑形式为唐代风格，立于山石包裹的平台中，脊高6.36米，檐东西宽12.15米，南北宽9.3米。建筑面积58.87平方米。建筑屋脊高于路面约11米，底部为东西向湖区园路穿过，南北为景观山石包裹。南侧景石由水底叠置，总高约8米，山石上有洞及登高步道布置，增加了登高阁远眺的趣味性。山石中依据景观需求布置种植穴，常绿、落叶乔木及灌木将山石和阁进行掩映和衬托。

建成后，九格成为此区域东西、南北两个方向的制高点。远处望去，山顶的阁酷似一座空中楼宇，隐藏了一个不为人知的"云中世界"和众多的未知奥秘。同时，"高高在上"的阁也隐含了科技企业和科技人员不断创新、勇攀高峰的科学探索精神。

10. 日晷广场

九格的南面，隔水而置的是一处广场。日晷是广场的主体景观，采用赤道式，石质晷盘，金属晷针。日晷周围安放十二生肖雕塑，形成了一处以中国传统计时科普教育为主的文化广场。

日晷广场与九格不仅在景观空间上形成对应，在文化意义上也是很好的呼应。日晷和十二生肖共同记录了时间的流转和岁月的变迁，是一个触摸可以感知的"静里乾坤"。同时，它也时刻提醒着每个路过的人，保持珍惜时光、脚踏实地的科学探索精神。

11. 廊桥

廊桥位于一期湖区的西岸，一、二期湖区连接水道的东端，是沟通水系南北的重要通道。

廊桥于 2014 年 10 月开工建设，2015 年 6 月竣工完成，是园区园林景观深化期建设的另一处景观建筑和完善期中心湖区景观提升工程的重要内容。

廊桥采用汉代风格，为拱形二层，跨度 25 米，高 9.7 米，二层为观景平台，面积 48 平方米。

北侧的休息长廊由圆形亭连接，拱形的廊桥通道为湖区的主通道提供了便利性，并保证小型游船的通行性。二层的观景平台向东可观望一期湖区，向西沿绵延水道可遥望茶室及景亭，远眺西山，湖水山色尽可观望。廊桥东面檐下题有"数风语明"四个字，形成了周边景物的真实写照，更起到了很好的点景作用。

施工中，为了保留周围原有的乔木植被，多次调整设计方案，使得廊桥的南北郁郁葱葱。南侧保留下的水杉形成了廊桥南侧的林下广场；北侧避让所留下的杨树林，也成为廊桥的背景林。

如今，廊桥不仅有交通功能，二层更成为茶叙和小型研讨的绝佳场所。

"玉宇琼楼天上下，长虹飞渡水中央。
上下影摇流底月，往来人渡境中梯。
桥头看月亮如画，桃畔听溪流有声。
桥廊风爽堪留客，波底星光可醒龙。"
闲适如古人，
站在廊桥上，驻足远眺，
郁郁葱葱，入目，入心。
穿过廊桥，走过石板路，
置身于西式与中式园林中，
小桥流水，波光潋滟，
荡漾在谁的心上？
你，我？
抑或是归心似箭的园中人！

12. 方圆迷宫

廊桥的东北方向，一期湖区的西北隅，是一组外形螺旋形的景观小品，即方圆迷宫。

方圆迷宫自 2014 年 10 月开工建设，2015 年 7 月竣工完成，是中关村环保园园林景观完善期的一组景观节点。

迷宫占地约 100 平方米，采用现代设计手法，仿生物造型，仿生物布置。直径 18 米，海螺形洞口高约 3.5 米。方案借用海螺的曲线布置迷宫的景观矮墙，并结合现场保留场地内的乔木，形成一处颇受儿童喜欢的场地。即便对于工作于此的科技人员来说，置身于此，常可忘却日常琐事的烦扰，或者勾起许多

童年的记忆。

　　方圆迷宫的名称取自中关村环保园"环保方圆、绿法天下"的口号，巧妙地融入了园区建设理念。设计旨在借助"迷宫"的形式，表达了园内科技企业在科技创新的道路上不断探索的精神，是一种科技文化的表达和体现。

13. 门楼

自方圆迷宫位置向南，从廊桥的下方穿过，沿一期湖区南岸园路向东，前行约 300 米，就来到了园区的东门。

东门于 2014 年 10 月开工，2015 年 7 月竣工。

此处设计借鉴了中国传统的楼门、城墙和关隘等建筑外形，并巧妙利用两侧地形，形成一个关隘形式，北侧临水，南侧略高于原有地形，呈现"一夫当关，万夫莫开"的效果。

门楼采用传统的青砖白灰砂浆砌筑，古朴别致、尺度相宜。楼门上刻有"紫气东来"四个字，取意祥

瑞吉祥之意。汉代刘向《列仙传》中有云：老子西游，关令尹喜望见有紫气浮关，而老子果乘青牛而过也。又有清代洪昇所著《长生殿·舞盘》：紫气东来，瑶池西望，翩翩青鸟庭前降。

除通行功能外，门楼在造景艺术上，还具有障景和夹景作用。站在楼门外，只能隐约看见水面，穿过楼门后，水色豁然开朗。景色先抑后扬，步移景异，给人以深刻的印象。门楼顶部设置平台，也是园区内一处登高观景之地。站在平台上，向西可望见曲折迂回的园路在湖边穿行，也可欣赏到北侧开阔的水面风景。

14. 水道

连接着齐物潭一期、二期两处水面的是一处狭长形的水道，它是整个齐物潭水系的重要组成，也是景观斜轴上的重要区域。

水道好似一个项链，串起了廊桥、九格、日晷广场、水车、礼乐坊等多处景观节点和构筑物。

水道从廊桥位置，自西北向东南方向延伸，长约350米，宽约10～15米。两侧石砌驳岸，形态自然优美，进退有致。两岸植物郁郁葱葱，变化多样，共同构成了开合有序、掩映曲折的带状园林景观空间。

4.3.3 博厚台组团

博厚台组团位于齐物潭二期湖区的西侧，周家巷沟的东侧，主要是园区 3-3-192 地块内的绿地，占地约 5.53 公顷。3-3-192 地块景观为整体湖区景观提供统领性形态，为湖区景观对景节点，位于整个公共园林的中心部位，和西山相映生辉形成层次。

博厚台组团地块内堆土成丘，形成园区的制高点。组团名称取"台"字，反映场地内的地貌特征。同时，取《礼记·中庸》中"博厚所以载物也"，表达"广博深厚"之意，故名为"博厚台"。寓意环保园拥有承载山湖、滋润万物的生命力，也象征着园区的文化积淀正日益深厚。

组团内利用山地地形，构建绿色环保的覆土建筑。覆土建筑为园区内企业使用，可进行企业间的合作、发展、创新等论坛，成为企业发展、合作、创新的平台。同时，也是企业文化的载体，如企业博览馆、企业文化活动中心、企业论坛等企业自身活动均可在此实现。

组团东北隅的水景景观，以自然生态为背景，因地制宜，充分利用现有优势条件，水源由现有湿地引入，通过山地的曲折迂回，形成溪流、跌水、湖面等，最终汇入齐物潭二期湖区中。项目于 2016 年启动，结合周家巷沟河道景观工程施工一并进行，当年完成总工程量的 65%，进一步提升了园区景观环境。2018年 10 月，景观建筑水系、绿化等工程基本完成。

博厚台组团

博厚台组团重要节点包括：

1. 渥丹阁

渥丹阁位于博厚台组团的制高点，是博厚台组团最重要的景观建筑，全园的最佳观景点之一，和远眺西山的绝佳场所。

渥丹是百合的一种，花期 6 ～ 7 月，花色深红，多分布于河北、河南、山东、山西、吉林、陕西等地。"渥丹"一词出自《诗经》里的《秦风·终南》，是指"润泽的朱砂"，形容面容俊朗红润。博厚台上阁的颜色与渥丹的花色基本一致，在落日余晖中，更显其光彩神韵。故以"渥丹"命名。

渥丹阁设计仿清漪园昙花阁的外形，为两层重檐式阁楼，平面采用六角形布置，占地 100 余平方米，高约 22.4 米。主体建筑于 2017 年 10 月开工，2018 年 10 月基本完工。

2.凌波桥

博厚台组团内地形起伏，水系蜿蜒多变。多座形态各异的桥梁就成为沟通组团内交通的主要方式。

位于组团中部，博厚坛地形东南的一座景观桥，是最为重要的一座。因它特殊的位置，也成为组团的重要组成之一。

凌波桥为单孔式，桥身为混凝土结构，外以灰色花岗岩装饰。桥栏为白色汉白玉栏杆，整座桥看起来轻盈优美。因凌空于一池碧波之上，故名之曰："凌波桥"。

一条临水的园路从桥下走过，构筑了网状的交通体系和多维度的观景体验。

凌波桥于 2017 年 10 月开工，2018 年 10 月完工。

3. 水系景观

博厚台组团内地形变化多样，或开或合、进而为营造变化的水系景观创造了条件，经过精心设计和工程理水措施，形成了丰富的水景空间。

4.3.4 逍遥津组团

逍遥津组团主要是园区西部周家巷沟和温泉沟两条河道以及与之相邻的绿地区域。

"逍遥津"的名称，源于庄子的《逍遥游》。置于自然之美，聆听山水之情，方能感悟何为超脱万物、无所依赖、绝对自由的精神境界，此乃"逍遥"之意。"津"，有河道的意思，反映了场地面貌特征。

以逍遥津命名此组团，一方面反映了所在区域的景观要素特征，另一方面，也表达了园区建设不拘一格，志存高远的不懈追求。

周家巷沟和温泉沟河道是中关村环保园内两条河流，全长约 1880 米。周家巷沟发源于海淀的西部山区，流经六环路、周家巷村、京密引水渠、辛庄村、中关村创新产业基地、西马坊村，于常乐村西汇入南沙河，全长约 12 千米，流域面积 64.6 平方千米，是该地区的主要排水河道之一，也承担了西部山区的部分排洪任务。周家巷沟现状为梯形土渠断面，位于中关村环保园内河道（温阳路 - 北清路）长约 1240 米，现状河道内来自上游的水质污染严重，河底及岸坡杂草丛生，泄洪能力不满足规划要求。温泉沟在园区内（京密引水渠 - 周家巷沟）长约 690 米，现状河道排洪标准低，不能满足流域范围内规划防洪排水要求，且现状河道断面较窄，河底高程较高，环保园内按规划建设的雨水管道低于现状河道 1 ~ 2 米，无法顺利接入河道，影响了园区内的防洪排水安全。

周家巷沟和温泉沟河道治理和景观建设本着"生态、环保、绿色"的原则，充分考虑环保和节能，在水源设计上利用雨洪，最大限度地节约水资源。工程每年可节约用水 148.8 万立方米，具有显著的经济效益和社会效益。本项目河道防洪标准按 20 年一遇洪水设计，50 年一遇洪水校核；跌水按 20 年一遇洪水设计，50 年一遇洪水校核。治理过程始终以"生态河道"为主线，以"水安全"、"水生态"为目标，以"防洪治理"、"水质改善"、"生态景观"为着力方向，通过对河道进行疏挖整治和绿化改造，将局部河坡坍塌、杂草丛生等"创伤"修复。

2014 年 12 月，周家巷沟及温泉沟综合治理工程启动，2018 年 5 月，全部工程完工。工程总计治理河道长度为 1509.31 米，其中周家巷沟 825 米，温泉沟 684.31 米；新建跌水 1 座，沿河两侧入河雨水口 3 个；新建补水泵站 1 座，补水输水管线长

逍遥津组团

2955 米，水源补水口 2 个；新建河道巡河路总长 1355 米；新建人工湖面 12500 平方米；新建水质净化站 1 座；河道景观绿化 13.05 万平方米，河道甬路总长度达 5200 米，压印混凝土路面 14000 多平方米，透水广场 4000 平方米，沿河道两侧种植各类苗木 50 余种；完善 4 座现有桥梁与河道护砌连接工程。最终，形成了一条集防洪、排水、治污和观光、休闲为一体的生态景观河道。

如今周家巷沟和温泉沟生态河道景观河道已基本成型。蜿蜒的水系沿着层次交错的河岸静谧地伸向远方；滨水处，植株摇曳生姿，簇簇花团点缀着成片碧绿；缓坡上，树木枝繁叶茂，在微风中飒飒作响；曲折自然的滨水小道穿梭在芳草绿树间，漫步于小道上，顿时被阳光和芳香环绕。在这里，人们的"生态记忆"也被唤醒，显现在眼前的，抑或是一条水清林绿、莺飞草长的生态走廊，抑或是一片居民绿色亲水平台，其中的"美"与"曼妙"可观可感，不言而喻。

工程产生显著的防洪、蓄水、环境等社会效益，减轻了西郊地区洪水对市区防洪安全构成的威胁，保障人民的生命财产安全；拦洪蓄水回补地下水，增加地下水的回灌量，使地下水资源状况得到一定改善；

改善了园区内周家巷沟、温泉沟局部河坡坍塌、杂草丛生的现状和渠道水质，增加绿地面积；增加了休闲活动空间，提高了园区和周边居民的生活质量；改善了河道两岸的生态环境及投资环境，提升了土地价值。

4.3.5 如许园组团

如许园组团位于园区南侧，京密引水渠沿线主要包括京密引水渠北侧，东至稻香湖路，西至温阳路的带状绿地区域，面积约 16.71 万平方米。

2014 年，中关村环保科技有限公司开始对南侧滨水绿地进行论证，2015 年委托设计公司出台设计方案。

根据设计，如许园组团定位为城市森林综合体，以林带为基础形态，以树林、微地形为主基调，结合园区现有停车场、运动场，并在林带中镶嵌配套性质的小规模运动、游乐、休闲、科普等功能空间及项目。

受到土地等条件限制，该工程尚处于前期架空线入地及地上物清理等工程准备阶段，未正式实施。

建成后，此区域将成为以运动为主题的综合性公园。公园强调植物造景，配置运动休闲设施，具有休闲、生态、避险等多种功能。组团的名称借用了我国著名科学家钱学森的《不入园林，怎知春色如许？》一文，进一步烘托了组团的现代文化气息。

如许园组团

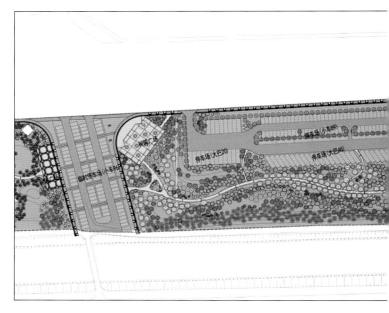

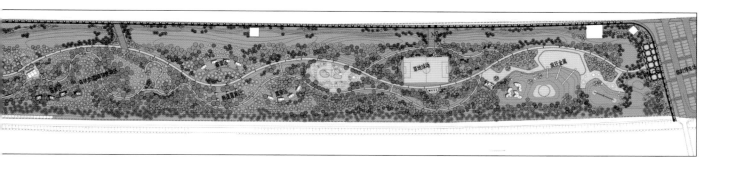

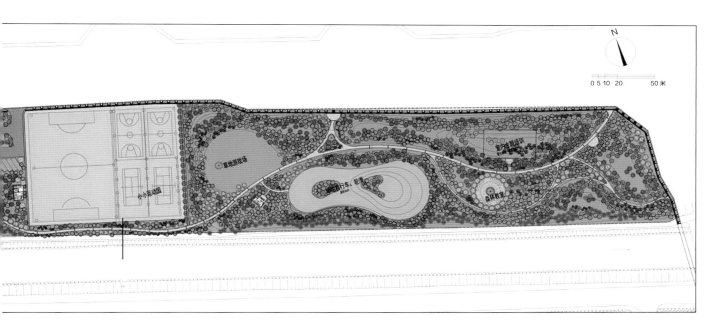

4.3.6 绿染春园主题广场

绿染春园主题广场位于园区的东北角，北临北清路、东接稻香湖路。广场以绿地为基底，设计有一处绿帆（绿染春园）雕塑，寓意着中关村环保园在正确的建园思想和规划的指导下，扬帆起航。今天，绿染春园主题广场已经成为一处地标性景点，也是中关村环保园对外宣传的一张绿色名片。

4.3.7 中心景观区文化广场

　　文化广场位于中关村环保园齐物潭二期湖区西南方向，面积约 2000 平方米。广场采用压印混凝土仿古纹样铺装，广场构筑物有汉式石材雕刻阙、影壁等。广场已成为园区企业户外展示产品的活动场所，也为员工和周边居民日常休闲驻足之地。

4.3.8 湿地雕塑广场

　　湿地雕塑广场位于博厚台组团西侧，人工湿地中心的平台区，占地面积约600平方米。主体构筑物是一处现代风格的景观雕塑，高约4.5米。湿地雕塑广场是园区西部人工湿地功能展示区及休闲功能区的主要节点。

承文脉之怀。环保方圆，同盛同赞，绿法天下，同心同园。筑巢引凤，固巢安凤。定位者，科技创新之潮；理念者，现代园区之范。前有华为入驻，科技巨擘毕至；近有雀巢临园，海内名企盛集。水溥人和而群贤毕至，人文益生，产业聚集，捷报频传。领风骚而名企迭出，强品质而四海蜚声。

动力之源，寰球比肩。时空为纸，光影作笔，匆匆十载，开拓之艰如昨，草木之兴恍前。其势成也，载文以记。愿彼来者，体其宠旨。悠悠吾心，慨当以慷，遂作小赋，既祝且赞。盛会既飨，万载流芳。

环保园赋

海纳百川，淀积千里。大觉古寺，晨钟暮鼓。青云既至，良载难逢。世纪交值，壬午之秋，中关村环保园肇始莫基。

平畴沃野，碧川秀峦，六千亩灵秀圣坛地。无悉任务之艰巨，凭此丹忱。除荒芜，开混沌，山可移，湖可浚。已而，回顾奇迹，笑谈苦辛。

时空所至，园之所成，兴园独秀，历久弥香。泛舟碧波之上，置身画廊之中。行于园，桥涵雅意，路蕴风情，听潺潺之溪水，望郁郁之青山，人文胜迹，隐呼其间。山不穷水不尽，身未动而已远。山水园区，精华毕至，吟咏生态之颂，传

4.3.9 园区大门

2008 年 9 月，位于地锦路与稻香湖路交接处的环保园东南大门建设完成。大门设计风格独特，两旁带有木轱辘伸缩门栏酷似古代马车，代表环保园勇往直前、勇于进取的奋斗精神。中间用废旧轮胎巧妙组合而成的 LOGO 雕塑作为视觉焦点，突出环保园绿色、生态、环保的核心理念，实现了传统与现代的完美结合。2016 年以来，随着海淀北部作为中关村创新试验核心区重要组成地位的确立，以及中关村环保园在海淀北部和翠湖科技园先行示范的定位功能明晰，园区启动了东大门的改造提升。新大门着眼于"智慧海淀"建设布局，瞄准中关村环保园建设科技微城市的发展规划，着力打造"科技之门"、"智慧之门"和"未来之门"，在简约、大方的原则下，以绿色、蓝色为基底，充分融入现代科技元素，创造性地结合了人脸识别、高精度传感器等先进技术，融功能、形象展示和数据采集应用为一体，彰显创新理念和创新思维，驱动未来发展。

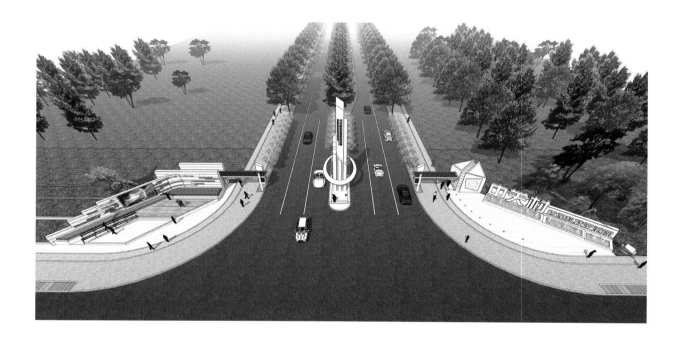

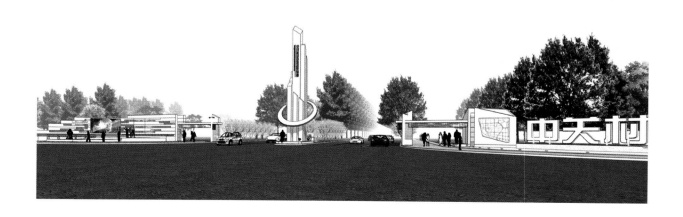

4.3.10　牌坊

　　牌坊坐落在环保园十四路中路，建筑面积约 400 平方米，高约 12.6 米。配以仿木纹雕刻艺术，沿袭简式仿古牌坊风格，继承古建牌坊的历史意义，也融入现代科技园的景观设计艺术。门头书写一个"心"字，寓意开发者"用心服务"的理念。

4.3.11 超动力空间项目景观

超动力空间（F-16 项目）位于园区西南角，占地面积 3.77 公顷，总建筑规模 6 万平方米，绿化率 40%。其主体是一栋湖畔水景独栋研发办公楼，具有高独立性、私密性和昭示性。重点运用借景的造景手法，打造了园区内以湖区景观和办公建筑高度融合的一个景观区域。

4.3.12 景观式卫生间

　　景观式卫生间是园区配套设施建设的重要内容，也是中关村环保园配套设施景观化处理的一个亮点。

　　卫生间借鉴民居设计，融合民俗与乡土元素，屋顶采用仿真稻草，墙面大胆采用涂鸦墙绘方式进行装饰。在儿童游戏区附近的一座卫生间，采用明快的彩色墙绘，改善了周边环境的亮度和景观效果。位于二期湖区西北侧的卫生间采用淡彩灰色墙绘，使其更能隐入林中。

　　工程于 2014 年 10 月开工，2015 年 6 月竣工。

4.4 道路景观

4.4.1 园区道路景观

园区道路系统的设计遵循总体规划"非对称、无中心"的总体格局，以环形布局为主，强调实用、便捷。道路设计充分尊重自然，因地制宜。如地锦路采用两侧非对称标高处理，尽可能尊重了场地现状。

园区道路的命名也是环保园的一大特色，充分体现出中关村环保园的生态文化特征。园区道路命名一改传统普通科技园道路命名中的纯功能、机械式的命名方式，而是以园区环境特色出发，结合园区植物名称来进行命名，别具一格，独具意韵。道路名称全部来自园区内现有植物，如景天路、地锦路、夏雪路、文松路、海桐路、凌霄路、忍冬路、铃兰路、丹若路、木荷路、文竹路、紫雀路、秋枫路、丹樱路、银桦路、龙柏路、茜云路、锦带路等。这些道路的命名，也体现出了园区充分尊重一草一木，追求科技和文化融合，尊重自然、尊重生态的建园宗旨。

4.4.2 慢行道系统

　　慢行道系统位于 F-10、J-01、J-05 与 F-16、J-03、J-07 之间的公共绿地，东西长约 647 米，南北宽约 25 米，约 1.87 万平方米。分为主路和次路，其中主路宽 1.5 米，次路宽 0.9 米。道路铺设为灰色天然露骨料透水混凝土，厚度 12 厘米，道牙为花岗岩石材，道路基础为 20 厘米厚度级配砂石。慢行道两侧，布置有景观小品、绿化种植及标识布局等，增强了沿路两侧的景观效果。

　　慢行道路系统将现状绿地有机地串联起来，便于园区工作生活的人员使用，避免绿地中产生大面积无人区域，并增加绿地养护的便捷性。

　　慢行系统的设计建设是中关村环保园由一般性科技园区向"宜业、宜居、宜游"的现代科技园区转变、深化园区服务功能、营造科技微城市的重要举措之一。

　　慢行道的命名也经过精心考虑，现行两条道路，分别称为"包必达小道"和"众拥之道"。前者为了纪念园区企业雀巢公司董事局主席包必达（Peter Brabeck）先生，另一个则为了弘扬"众拥"古代思想，弘扬众心合力的共享协作理念，是园区建设中将功能与文化融合的又一个典型例子，也是园区特有场地文化的表达和再现。2017 年，位于齐物潭二期湖区西北角，邻近中国人寿办公区，由礼乐坊往西至人工湿地一段的慢行路，命名为"九如小径"，巧妙融入"九如"思想和长寿祝愿，与中国人寿奉行的健康长寿宗旨完美结合。

1. 包必达小道

2. 众拥之道

4.5 园桥景观

园桥是园区交通系统的重要组成部分，更是园区景观不可或缺的内容。除满足交通功能外，园桥因其外观造型、周边景色的变化，点缀园区环境，甚至成为园林景观的主体。

环保园内水系密布，相应的桥梁众多。大体上有大型的工程桥和小型的景观桥两类。

工程桥以交通功能为主，造景功能为辅，可供大型车辆通行。环保园内此类桥梁主要有四座，分别是景天路—周家巷沟跨河桥、地锦路—周家巷沟跨河桥和地锦路—温泉跨河桥。这三座桥梁均于2006年主体建设完成。另一座位于4号桥南，横于周家巷沟上，于2018年10月建成。

景观桥是以造景功能为主、以交通功能为辅的桥梁，通常体量较小，只用于人行或游览车辆通行。环保园内此类桥梁有纤巧优美的拱桥，有宽阔平直的石板桥，还有可以局部抬高方便小舟经过的升降桥等，各具特色。如廊桥、玉带拱桥、吊桥等。

每座桥的位置、造型乃至命名都蕴藏着不同的内涵，表达了一定的寓意。这些都是环保园建设者们对园区文化独具匠心的考虑。2006年完工的三座桥梁，就是环保园桥文化的典型代表。

景天路—周家巷沟跨河桥，即天清桥，位于园区西部的环保园景天路与周家巷沟的交汇处。其命名源于"天清地宁"，桥面设计在古典、质朴的风格上又融入了中国传统文化的精髓，通过四个柱体标刻的天开、中和、明德、宁怡来体现环保园"天人合一"的开发理念。

地锦路—周家巷沟跨河桥，即鉴山桥。位于园区西部的环保园地锦路与周家巷沟交汇处，由于此桥面山而建，有鉴赏远山之意，故名鉴山桥。

地锦路—温泉跨河桥沟，即方圆桥，此桥是环保园建成的第一座桥。位于园区西部的环保园地锦路与温泉沟交汇处，其命名的由来出自环保园的宣传口号"环保方圆，绿法天下"。方圆，即天圆地方的概念，给人以宽敞、大气的感觉。无方，世界没有了规矩，便无约束；无圆，世界负荷太重，将不能自理。一方一圆蕴含了深厚的哲学思想。

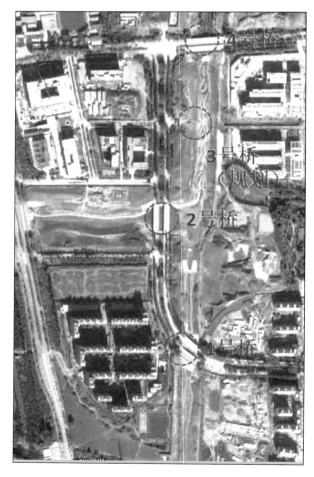

园桥功能和园区文化的结合在景观桥上体现得更加淋漓尽致，如2007年建设完成的吊桥，命名为"水调湾湾"，富有浪漫气息。无论是园桥形式的选择还是外观设计，都体现了功能和文化的结合，在保障湖区通行功能的前提下，也保留了场地的一片记忆。这些内容在上文中已有涉及，这里不再赘述。

2016年前后，对工程桥栏杆进行了重新设计和提升，进一步增强了桥梁的景观效果。

在鉴山桥（一号桥）的栏杆上加入藤蔓植物元素，用锈钢板做成藤蔓剪影效果固定在原栏杆上。由于原栏杆距离地面空隙较大，存在安全隐患，所以在栏杆下修建20厘米高的护砌，提高栏杆的安全性。更换原来LOGO桥柱面材，将桥柱侧面原材质更换为锈钢板，正面材质更换为石材。桥面整体的现代感明显增强。

从汉代阙提炼出设计元素，作为方圆桥（二号桥）景观柱设计的形式，栏杆采用汉唐建筑的校正杆纹样。

将善水桥（三号桥）上增加汉白玉栏杆，以使它
从色彩上与周边建筑色彩匹配。

对天清桥（四号桥）进行整体翻修。新桥采用钢结构。悬空立框延伸至桥下绿地，形成一体。色彩采用仿木色，干净古朴且与园区整体更加协调。

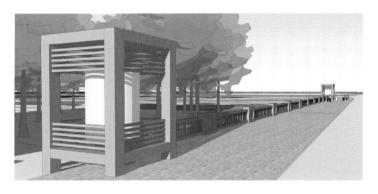

4.6 园中园

园中园是由入园企业自行设计建设的园林景观。这些园类似绿色的宝石，散布于园中，是中关村环保园园林景观的重要组成部分。因其半封闭，相对独立，故称为"苑"，在"专、精、特、新"理念的指导下，成为富有特色的产业园，主要有国核苑、华为苑、雀巢苑、龙芯苑、人寿苑、众展苑、龙湖苑等。

4.6.1 国核苑

国核苑积极宣扬"以核为先、以合为贵、以和为本"的核能开发和利用理念，大力营造绿色环境和建筑空间，并融入企业文化和传统元素，形成了现代和古典相融合的园林景观氛围。园内大量运用雕塑小品、特色铺装等表达丰富的文化内涵。

4.6.2　华为苑

　　华为苑以银杏、法桐等大型乔木呈阵列式栽植，下层搭配修剪规整的绿篱和草地等，与外形规则的办公楼相辅相成，营造了富有秩序感、简洁、明快的现代企业办公环境。

4.6.3 雀巢苑

　　雀巢苑是早期入驻的雀巢研发中心所在地。红色的独栋建筑，给人以低调内敛感。建筑四周因地制宜布置有法桐、海棠、金银木等大、中型乔木，形成了略显私密的办公空间。雀巢苑与四周的公共绿化融为一体，园区慢行小道"包必达小道"在附近穿行而过，已是备受园区科技人员喜爱的休闲场所。

4.6.4 龙芯苑

　　龙芯苑是中国科学院计算技术研究所的办公场地，以现代化的办公大楼为中心，布置绿色植物空间，以高大的法桐、修剪整齐的黄杨绿篱、黄杨等为主体，营造了富有现代感的、简洁、明快的景观空间。

4.6.5 人寿苑

　　人寿苑紧密围绕中国人寿"健康、长寿"文化，构建天圆地方的空间格局，充分利用建筑内外场地，大量种植法桐、国槐、白蜡等高大乔木，将建筑掩映在绿色之中，营造了绿色与文化交融的办公环境。

4.6.6 众展苑

众展苑（3-3-263 地块自建企业加速器）面积约 25870 平方米，地块的东、西、南、北各有一个出入口，均进行出入管理。地块内布置班车生态停车位 8 个，小型生态停车位 24 个，东侧综合性办公楼布置 47 个生态停车位。地块主要景观有入口景观置石、中心庭院、室内草地会场、水景墙等。

园区设计采用"统一"概念，各个景点围绕主题概念延伸开来，每个景观节点之间存在着内在联系。地块利用大线条的规划布局，将南北、东西的办公楼、综合楼便捷连通，并在中心庭院区域设置入口形象区、休闲交流区、室外会场区，通过园路将三者有机地联系起来。

地块景观营造一个优美、舒适、安全、协调、统一、生态、人文的高品质地块景观环境，使地块景观成为企业宣传及交流的一个重要途径。设计要求体现人文关怀、可持续发展，展示地域及企业文化特色和经济适用原则。

铺装色彩、用材上整体统一，通过材料的不同拼接形式来区别空间，与空间划分相协调。道路采用高承载彩色透水地面结合高承载压印艺术地面；园路地面铺装高承载彩色透水地面与花岗岩结合；停车位均为高承载植草停车地面。铺地颜色采用古瓷红、青灰、自然灰，纹样采用曲边板岩、席纹板岩等传统铺地纹样。

中心庭院以绿地为主，结合地形嵌入室外草地会场、水景广场、休息平台等；中心庭院设有多条道路，可便捷通向每栋办公楼，方便四周人流快捷进入，并设有小景观及休憩设施等，为园区人员提供休憩、交流场所；结合景观地形与建筑，布置室外草地会场，为园区企业提供产品发布、室外会议、小型招待会等活动场地。

北京实创环保发展有限公司3-3-263地块加速器项目

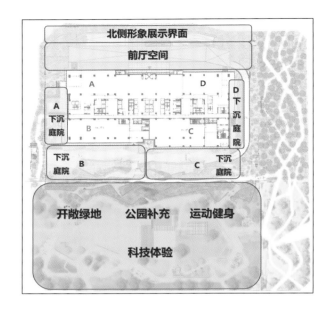

4.6.7 龙湖苑

　　龙湖苑是龙湖地产公司海淀项目所在地及周边的景观区域，位于中关村环保园的东北角，景观斜轴的南侧。项目对标国际一流科技园区，结合项目"超5A甲级办公产品"的定位，设计上旨在营造"花园式办公环境"，引领未来科技园环境建设的新潮流。项目为使用者提供全景沉浸式的景观体验，营造漫游、探索并与自然连接的场所，达到放松、缓压和交流的目的。

　　项目将建筑与南侧绿带整体设计，使建筑与景观紧密互动，构建了入口形象展示区、下沉花园、绿色休闲运动场地等多类型景观空间。

4.7 专项景观

4.7.1 植物景观

　　中关村环保园的植物景观设计遵循三个原则：一是丰富植物种类，增加物种多样性。据统计，全园有植物种类 200 种；二是以乡土植物为主、外来植物为辅。据统计，园内乡土植物比例超过 80%；三是注重植物的季相变化，强调"春花、夏绿、秋色"三种不同的景观效果。

4.7.2 小品设施

1. 绿染春园

中关村环保示范园绿染春园主题雕塑——绿帆、绿染春园位于园区东北角，于 2004 年 10 月份建成。建成后极大地提升了园区的景观和商务环境，并成为对外展示的窗口。

2. 铜鹿群雕

3. 景观雕塑

4.7.3 导视系统

　　随着园区入驻企业的增加，为了提升园区品质，更好地展示园区的风情风貌，使来访客人可以方便、快捷地到达办事地点，2008 年 9 月，环保园导视系统正式安装完毕。此导视系统的设计风格围绕园区具有代表性的景观进行设计，给人一种耳目一新的感觉。截至 2008 年底，园区内共有指示牌 26 块。其中道路牌 7 块、导示牌 7 块、信息牌 3 块、警示牌 9 块。2010 年后，导视系统进行了补充和更新。2017 年，导视系统进一步完善，并委托专业人员进行系统设计。

4.7.4 室外家具

室外家具是园区设施的重要组成部分，包括坐凳、垃圾箱等。

4.7.5 照明亮化

亮化工程设计彰显前瞻性和先进性，充分考虑到技术发展和产品改进可能对工程带来的影响。楼体亮化设计注重控制光污染，考虑使用安全、运行维护成本等问题，满足经济、节能和环保要求。充分考虑场景、智能化设计要求。科学使用泛光照明，积极使用 LED 灯具，发挥其色彩构成丰富、可控性强的优势，实现更优的夜景效果。采用照明控制系统分级、分档控制，采取平时、一般节日和重大节日三级照明方式。

中关村环保园分期实施了湖区和重点建筑亮化

工程。首先实施了湖区亮化工程，主要以二期湖区牌坊、步道、绿化等为照明主体，以道路路灯为照明基础，以建筑夜景照明为衬托，以二期湖区的三阅亭、云中君及玉带桥照明为点缀，形成点、线、面连接，高、中、低层次结合的夜景休闲场所。其次实施了湖东区夜景照明工程。继续运用现代设计理念和先进照明技术，通过灯光对水岸建筑、植被、景观的精心刻画，使区域内的九格、廊桥、日晷等建筑相互交融。再次，对 J03、F16 项目实施亮化，主要采用护栏管、洗墙灯、投光灯、双头壁灯等达到亮化效果。该工程建成后，整个园区的夜晚景观大大提升，也成为园区一道亮丽的美景。

4.8 生态和工程技术应用

中关村环保园始终按照"经济、美观、实用"的原则实施环境建设和景观提升。

2007年前后，环保园结合具体实践，与清华大学专家学者联手合作、总结整理，最终形成了环保园独有的绿色科技园区开发规范——《中关村环保科技示范园绿法》，并作为园区开发和运营的准则。

依照《绿法》，园区建设注重节能环保技术的应用，先后建成了地源热泵、太阳能路灯、风车发电、雨洪利用等节能环保示范工程，综合运用透水铺装、节水灌溉、可再生能源等节水、节电和节能生态环保技术，节约型园林特征凸显。

经过十余年的建设，园区逐渐呈现出"山自然、水自由、人自在、情自得"的优美境界，核心竞争力逐步形成。实践证明，把绿色、环保理念贯穿园区建设的全过程，使中关村环保园在市场上取得了丰厚回报，最终成为园区招商的制胜法宝。

4.8.1 人工湿地

中关村环保园规划水体面积约14万平方米，为满足水面的日常补给和净化，解决蓄水经费与水质问题。2008年，投资修建潜流式人工合成湿地，面积5000余平方米，设计收集污水量2000立方米/天，处理污水、中水水量2000立方米/天，每小时处理能力约100立方米。经过处理的污水或中水，可达到三类水体标准，是人可以直接接触的水体，并可用于园区灌溉和湖水补给。通过湿地对水体进行处理，实现水的二次利用，运行费用低，操作简单。

潜流式人工合成湿地是由人工建筑和控制运行的与沼泽地类似的地面，将污水、污泥有控制地投配到经人工建造的湿地上，污水与污泥在沿一定方向流动的过程中，主要利用土壤、人工介质、植物、微生物的物理、化学、生物三重协同作用，对污水、污泥进行处理的一种技术。

工程实施后，每年可处理污水700余万立方米，若折算为等量的自来水，可实现经济效益约3500万元。

4.8.2 雨洪利用

从建园之日起，中关村环保园一直坚持节能环保的开发理念。2007年，以雨水资源的收集、净化、循环使用为建设目标，园区雨洪利用系统正式启动。

园区内湖体容量达12万立方米，可蓄积和再利用的自然降雨达12万立方米。在原动力空间一期项目设计建造了雨水收集工程。在该项目中深入开发雨水循环再利用的应用技术，建设两处雨水蓄水量300立方米的雨水收集池。雨水经过过滤后与周边绿化的喷灌管线连接，预计每年可节约水资源6000立方米。与此同时，为减少水资源流失，园区正式实施了二期湖区防渗工程。

4.8.3 可再生能源应用

中关村环保园积极利用太阳能、风能、地热等可再生能源和新能源。积极推广绿色照明工程，C6-007、C6-09、G05地块和公共停车场中设立新能源充电桩，在北京实创环保发展有限公司办公楼上安装太阳能电瓶车充电点。在部分公建上推广应用屋顶光伏发电工程，在路灯、草坪灯上应用太阳能及风能复合利用系统，结合休息设施，实现风光互补。园区可再生能源利用率达到7%，远期有望达到13%。

4.8.4 可再生材料使用

原动力空间二期所有楼体外墙采用清水混凝土材料，既环保，又美观，显示的是一种本质的美感，体现"素面朝天"的品位。同时，使用低辐身镀膜琉璃（Low-E玻璃），利用其所镀的膜层表面辐射率极低，对可见光透过率适中的特点，有效避免光污染的产生。

园区广泛使用高承载透水艺术地面。该地面采用天然荒废碎石为原料，节约了大量的石材，同时缓解了城市热岛效应。

4.8.5 透水铺装

园区广场和道路广泛使用高承载透水艺术地面。该地面采用整体成型，抗压强度高，拥有15%～25%的孔隙率，透水速度达到2.7毫米/秒以上，并且有很强的艺术和文化内涵。通过补充地下水，提高了我国淡水资源储备，大大降低了水利建设等成本。其他透水铺装方式有透水砖、植草砖等，应用于消防通道、广场、绿化甬道等工程。

中关村环保科技示范园节点铺装设计方案一

不褪色·防滑·防油·绿色环保

节点一

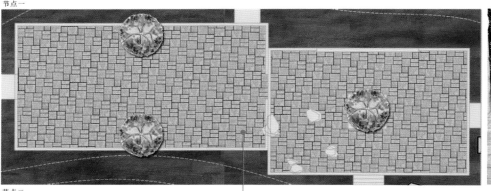

压印地面工程实例（印纹板岩）

节点二

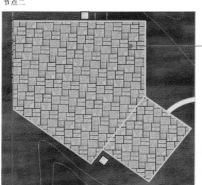

高承载压印艺术地面
（印纹板岩）

压印地面工程实例（印纹板岩）

压印地面工程实例（印纹板岩）

压印地面工程实例（印纹板岩）

中关村环保科技示范园节点铺装设计方案一

高透水率·高承载力·生态环保·补充地下水·安全防滑

节点三　　　　　　　　　　节点四　　　　　　　　　　节点五

喷涂蓝色装饰条

高承载彩色透水地面
（亮黄）

高承载透水地面工程案例　　高承载透水地面工程案例　　高承载透水地面工程案例

4.8.6 生物多样性

园区内有各类植物 200 余种。鉴于园区良好的自然环境和持续的园林景观建设，中关村环保园的生物多样性持续增加，已成为众多鸟类的栖息地。据不完全统计，园区内观察到鸟类 30 种以上，园区人工饲养有鹿、天鹅、鸭子、鱼类等动物 10 余种，共同构筑了丰富多样的物种体系。

4.9 园林景观中的文化表达

　　园林景观是文化传承的重要载体。中关村环保园在园林景观的建设中，非常重视文化表达，实现环境营造、生态维护、文化传承多功能的合一。

　　文化是多元的，非常庞杂，有东方文化，也有西方文化；有传统文化，也有现代文化。如何进行选择？

　　中关村环保园首先将引入中国传统文化，作为园区文化弘扬的主要方向。增强民族自信心和文化自豪感，挖掘中国传统文化精髓和积极因素，促进科技创新。科技文化是文化建设的另一个方向，是园区文化表达"一体两翼"的重要内容。

4.9.1 传统文化

　　中关村环保园非常注重从中国传统论著中汲取精华、获得灵感。借助诗词、景名、楹联、石刻等，表达文化寓意。建设和管理期间，组织传统文化培训，运用于园区环境治理和管理运营。

4.9.2 科技文化

  作为现代科技园区，中关村环保园注重培植和展示科技文化。水车、日晷等是对古代科技成果的展示。2017 年，对湿地文化广场的雕塑进行了设计，雕塑将借用钻石的分子结构，展示现代科技成果。

  园林是人们与自然近距离接触的场所，也是人类的精神寄托。中关村环保园的园林建设，实质上就是在科技产业聚集区内，营造一种园林式的生活方式，实现"生态、人文、科技"的完美结合，也是"天人合一"的很好体现。这将是中关村环保园永恒的追求。

4.9.3 创新文化

  创新文化是指在一定的社会历史条件下，在创新及创新管理活动中所创造和形成的具有特色的创新精神财富以及创新物质形态的总和，包括创新价值观、创新准则、创新制度和规范、创新物质文化环境等。创新文化是一种培育创新的文化，这种文化能够唤起一种不可估计的能量、热情、主动性和责任感，来帮助组织达到一种非常高的目标。

  中关村环保园在园林景观的设计和营造中，充分融入创新文化元素。最为重要的是，以园林景观为载体，提供园区企业和科技人员交流场所，提供促进创新的实体文化环境，从而实现激发创新思维和创新活力的目的。

4.9.4 生态文化

  生态文化是指以崇尚自然、保护环境、促进资源永续利用为基本特征，能使人与自然协调发展、和谐共进，促进实现可持续发展的文化。生态文化的形成，意味着人类统治自然的价值观念的根本转变，这种转变标志着人类中心主义价值取向到人与自然和谐发展价值取向的过渡。

中关村环保园的园林景观建设中，积极采纳雨水收集回用、可再生能源等生态节能技术，并在园林景观中，积极宣传生态思想，倡导"人与自然和谐共存"，营造生态文化。首先，园区开发中，着眼于保护园区现有的自然条件，随形就势，利用低洼地建设人工湿地。其次在湖区景观中，着眼于营造植物、动物和人交互的景观生态体系。园区内丰富的绿化植物，在营造"森林中办公"的空间格局同时，也创造了宜人的小气候环境，从而在总体上降低了园区的能量耗费，最终形成人与自然和谐共存的科技园生态文化。

4.9.5 场地文化

场地，也称场所，在某种意义上，是指一个人记忆的一种物体化和空间化。场地文化也就是一个场地中，人与自然空间相互作用形成的物质和精神产品的总和。与建筑和城市学领域早先所用的"场地感"或"场地精神"等概念相似，尊重场地文化可解释为设计和建设过程中，"对一个地方的认同感和归属感"，具体手法上，体现为对一个场地特有文化元素的保留。

中关村环保园的园林景观建设中，也充分体现了对场地的尊重，强调了场地文化的表达和再现。最为典型的如园区慢行路的设计和命名，如包必达小道。这条小路就特意存续了时任雀巢董事局主席包必达（Peter Brabeck-Letmathe）先生在环保园的一段记忆。2008年，雀巢入驻环保园之初，包必达先生时常漫步于园区东侧的一条小路。园区慢行路在设计时，保留了这条小路，并将其作为首条慢行路的起点，将其命名为包必达小道，据此来保留园区发展中的这段故事。

在慢行路建设中，另一个塑造场地文化的例子是"九如小径"。"九如小径"是指齐物潭湖区二期西北角，中国人寿保险（集团）公司办公区向西至人工湿地的一段小路。"九如"出自《诗经》中的《小雅·天保》，系祝寿之词。原文如下：

如山如阜，如冈如陵；
如川之方至，以莫不增
如月之恒；如日之升；
如南山之寿，不骞不崩；
如松柏之茂；
如不尔或承。

九如的寓意与中国人寿的企业经营的宗旨高度吻合，小道的命名不仅表达了对幸福长寿的美好祝愿，也是中国人寿企业文化的再现。

中关村环保园内关于场地文化的例子还有很多，如齐物潭二期湖区北侧的水车，记录了这里曾经作为低洼水田的场地特质，再现了此处过往的农耕景象和文化。

05

运营：
园林管理与服务

中关村环保园的园林管理紧紧围绕提升园林环境的综合功能，为园区企业和科技人员提供服务，实现宜业、宜居、宜游的多重目标。用优质环境和服务，激发企业和科技人员的认同感和创新活力，推动构建与创新生态体系相适应的城市形态和模式。

5.1 工程管理和服务

在园区建设的过程中，不断摸索工程建设的经验，规范项目的建设和管理。

2008 年，《中关村环保园绿鉴》出版，成为园区工程施工和管理的基本指南和约束性文件。

以规范管理，兼顾效率为原则，完善并制定项目建设管理办法。根据园区建设自身特点，中关村环保园先后制定了《工程竣工结算管理办法（试行）》《设计变更、工程洽商管理办法（试行）》《文件呈现报制度（试行）》《工程质量管理制度》《工程进度管理制度》《工程材料选项封样管理制度》《工程验收管理制度》《图纸管理作业指导》《物业接管验收程序》《合同管理办法》《招投标管理办法》《洽商管理办法》《工程造价管理办法》等工程管理制度等，不断提升工程建设管理水平。

5.2 园区管理和服务

开发建设以来，园区不断完善服务功能和管理水平，一系列园区配套相继规划并建设完成。起初，园区以服务入园企业为主，是产业园区时期。

2007 年 11 月，《中关村环保园服务览鉴》正式出版，系统介绍了环保园土地开发、二级建设、物业服务、配套设施的政府和办法，为入驻企业提供全面详细的服务指南。

2007 年，园区配套餐厅筹备工作正式启动。2008 年，企业员工餐厅正式开业。同年，园区服务中心正式开业。北京实创环保发展有限公司子公司——中环园科技发展有限公司全面开展工作，负责经营管理。

2009 年以来，园区不断推行品质服务，提升精品园区竞争优势。一是全力推进中环园科技发展有限公司核心业务开展，确保园区物业管理及运营服务水平有效提升；二是确保集成物业管理、能源保障、高端咨询、设施运营和数字服务为一体的专业化信息服务中心高效运行，确保员工餐厅、银行网点等配套服务设施的良好运营；三是系统推出园区大物业管理机制。

翠湖云锦商务中心的建成，使园区生活便利性大大提高。基于这些基础，环保园逐步由最初的产业园区向功能齐备、宜业、宜居、宜游的现代化园区转变。

2010年，中关村环保园以品质服务为工作要求，坚持将环境品质建设和提升作为精品园区建设的重要内容和支持条件，以及公司经营和招商工作顺利开展的有力支撑。同时，着力探索特色园区管理模式。

2011年，LED展示屏幕在中关村环保园建成。位于环保园东南侧，可播放视频信息、转播电视节目及播放计算机信号、广告、动画等。为园区及入驻企业提供了一个宣传及展示风采的平台。同年，园区导视系统建成，为来访客人提供了方便。

经过多年建设和提升，园区园林景观体系逐步成型，与此同时，也实现了生态、经济和社会三方面的综合效益。

5.3 综合服务探索——科技微城市

随着园区入驻企业的增多，园区在深化景观建设的同时，不断优化园区规划、完善配套设施，拓展服务对象和内容，一个以科技服务为引领、环境品质为支撑、生活配套为内容的科技微城市形态逐步形成。

2012 年，"3-3-263 加速器（智慧型研发办公综合体）"项目启动。根据"创新服务改变办公方式"的开发理念，总面积约 10 万平方米，主要目标客户为高成长性的中型高新技术企业、大型企业北京总部或区域研发中心。C6 楼设置了联合办公空间，为园区增加了一种办公成本低、空间使用效率高的共享办公空间的办公模式，满足不同企业客群办公要求。为满足园区商务宴请、商务交流方面的配套需求，在 J07 地块 A 楼为园区提供商务办公所需的商务餐饮、交流洽谈方面的场所。为配合园区城市服务规划，为商务生活服务融合的功能规划，在环保园 263 地块 A 组楼宇内设置格调餐饮、咖啡书吧、酒店、幼儿园配套服务区、日常便利配套等，园区服务内容更加综合。以共享经济为理念，以企业会员制为经营模式，环保园精心打造了一个为园区企业服务的"企业会展文化综合体"（众展空间）。

2012年以来，园区不断提升现代化管理水平，搭建智慧翠湖平台，建设"云能态"（环保园能耗监测平台），实现园区管理的低碳、高效运行。

2013年，园区公租房开始规划和建设，实现了配套居住功能。公租房项目是北京市首批集中规划、集中建设的人才公租房，对改善和提升海淀区北部产业聚集区服务品质具有重大意义。公租房项目也是环保园由传统的产业园区向新型产业小镇转变的重要标志。此后，超市、幼儿园、运动场、公交场站、停车场等配套场所也逐步建设完成并投入使用，园区的"宜居"特征日趋形成，一个将"生产、生活、生态"融为一体的产业城镇形态呈现出来。园区的服务对象由园区内的企业和员工逐步扩展到周围群众，园区景观开始承担社会服务功能。

2016 年，为更好地服务科技人员与企业，培养园区企业"黏性"，园区结合自身的开发建设经验，提出构建"科技微城市"体系，从城市服务的角度完善对其下属园区内科技创新主体的服务，做出了将"科技园区"向"科技社区"、"科技微城市"转变的积极探索。

未来，中关村环保园将依托翠湖科技城建设开发总体背景，着力建设宜业、宜居、宜游，生态、生产、生活相结合的现代科技城。园区园林景观体系的进一步完善，内容的不断扩充，功能更加综合，服务更加便捷，科技、文化元素的充分融入，管理水平的进一步提升，以及生态效益的进一步发挥，仍应是中关村环保园未来园林景观工作的基本思路和方向。园区管理将遵循"科技微城市"的发展方向，在完善自身服务体系的同时，加强与周边社区的互动和共享，优化共享机制，实现共同成长。同时，依托不断成熟的城市形态，加速构建支撑具有全球竞争力的创新生态体系，为科技园的发展不断注入新的内容，不断激活新的活力。

结语：
持续探索谋超越

如今，中关村环保园已走过了17年头。

站在新的起点上，中关村环保园面临着新的征程。

习近平总书记在党的十九大报告中指出：创新是引领发展的第一动力，是建设现代化经济体系的战略支撑。要瞄准世界科技前沿，实现引领性原创成果重大突破。加强国家创新体系建设，强化战略科技力量。李克强总理在2018年政府工作报告中指出，加快建设创新型国家，把握世界新一轮科技革命和产业变革大势，深入实施创新驱动发展战略，不断增强经济创新力和竞争力。

发挥创新驱动引领作用要尊重市场规律、技术研发规律，围绕从技术研发到商业运用整个创新链条、基础设施条件、市场营商环境、配套政策体系等关键环节，建立与政府、市场、产业、企业先进技术协同发力的创新生态体系。

创新生态体系建设是最近几年提出的一种理论，是将生态理论用于指导创新能力建设的一种创新学术观点。从生物学的角度来看，生态系统是指一定区域内所有生物与环境通过能量流转换而组成的统一整体，由非生物成分、生产者、消费者和分解者构成，各部分相互联系、相互作用，通过物质、信息以及能量的转换维护系统平衡。创新生态系统概念最早源于美国总统科技顾问委员会（PCAST）于2003年发布的一份报告——《维护国家的创新生态体系、信息技术制造和竞争力》。该报告指出，国家的技术和创新领导地位取决于活力的、动态的"创新生态系统"。

我国关于创新生态系统的研究起步较晚，关于科技园创新生态系统的研究也较少，尚未形成普遍认同的认识和思想。当前我国科技园区处于转变发展方式、寻求创新驱动内生发展路径的时期，众多科技园试图在创新生态系统理论的指导下，探索新的发展动力，提升发展水平。

中关村环保园作为第三代科技园的先行者，面对中关村北部创新区和未来翠湖科技城建设的定位，不断探索新的发展模式和发展路径。"创新生态系统"理念也为中关村的未来发展提供了新的思路。过去十几年持续的生态环境治理、园林景观建设和智慧化、综合服务的构架，为中关村未来发展奠定了优越的基础，也是未来继续前进的基石。

过去的实践证明，中关村环保园精心打造的园林景观综合体，不仅塑造了园区与众不同的对外形象，也构筑了园区企业和科技人员生产和生活的重要载体，成为协调园区社会生活和社会关系的重要媒介。未来，中关村环保园将进一步巩固基础、发挥环境优势，不断丰富科技元素和人文内涵，不断加强生态、科技和文化元素的融合，构建园区园林环境的最佳形态和最优状态。其次，进一步探讨园区环境与服务功能的更好结合，提升科技服务和城市服务能力，构筑空间合理、功能完备、服务优良的科技微城市体系。最后，依托先进的科技微城市形态，不断推动创新生态系统构建，激发企业创新动力和科技人员创新活力的方法和手段，为未来翠湖科技城的建设以及更多科技园的发展提供借鉴。

中关村环保园已踏上新的征程，迎接新的卓越！

附录 1：中关村环保园控制性详细规划用地指标表

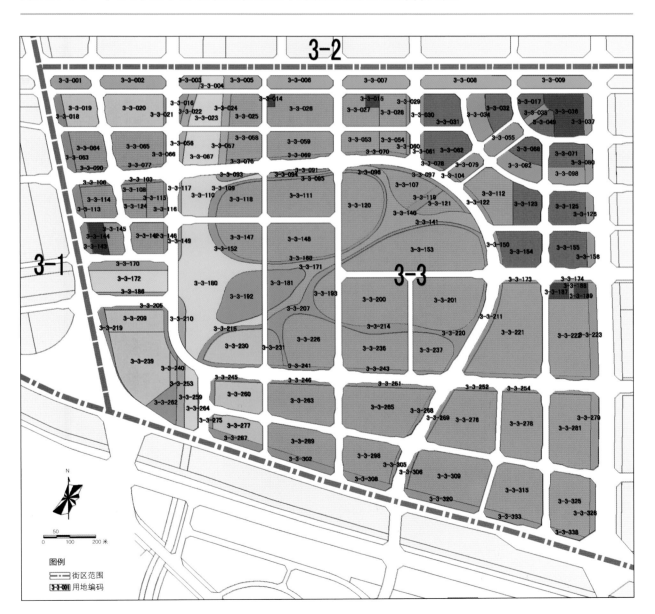

地块编号	用地性质	用地面积（万平方米）	容积率	建筑密度（%）	建筑高度（米）	绿地率（%）
3-3-115	C6	0.92	1.8	30	45	35
3-3-107	C6	1.75	1.8	30	45	35
3-3-119	G1	0.44	/	/	/	/
3-3-121	C6	0.96	1.5	30	45	35
3-3-015	U12	0.27	0.8	30	12	30
3-3-027	C6	1.50	1.8	30	45	35
3-3-028	C6	1.30	1.8	30	45	35
3-3-053	C6	1.18	1.8	30	45	35
3-3-054	C6	0.86	1.8	30	45	35
3-3-031	C2	1.76	3	40	60	30
3-3-034	G1	1.25	/	/	/	/
3-3-032	C2	1.24	3.5	30	60	35
3-3-062	C2	2.17	3	40	60	30
3-3-068	C2	0.97	3.5	30	60	35
3-3-092	G1	1.20	/	/	/	/
3-3-112	C3	2.76	3	40	60	30
3-3-123	C2	1.60	2.5	40	60	30
3-3-154	C2	2.24	3	40	60	30
3-3-071	C2	1.33	3.5	30	60	35
3-3-098	G1	0.93	/	/	/	/
3-3-125	C2	1.85	3	40	60	30
3-3-155	C2	2.05	3	40	60	30
3-3-114	C6	1.58	1.5	40	24	30
3-3-108	C6	0.60	1.2	40	18	30
3-3-124	C6	0.60	1.5	40	18	30
3-3-142	C6	1.51	1.2	40	18	30
3-3-145	C6	0.81	1.2	40	18	30
3-3-118	C65	2.07	1.2	30	18	40
3-3-111	C6	3.93	1.2	30	18	35
3-3-147	C65	2.09	1.2	30	18	40
3-3-148	C6	3.68	1.2	30	18	40
3-3-120	C6	3.98	1.2	30	24	35
3-3-153	C6	7.48	1.5	30	18	35
3-3-209	F3	1.89	1.2	50	18	30
3-3-298	C6	2.96	1.5	30	18	35
3-3-009	G22	1.39	0	0	0	100
3-3-017	C2	0.72	3.5	25	60	35
3-3-035	G1	0.30	/	/	/	/

续表

地块编号	用地性质	用地面积（万平方米）	容积率	建筑密度（%）	建筑高度（米）	绿地率（%）
3-3-049	C2	0.65	3.5	25	60	35
3-3-036	U21	2.16	5	25	60	35
3-3-037	G1	0.46	/	/	/	/
3-3-019	F3	1.60	2.5	40	45	30
3-3-064	C6	1.89	2.5	40	45	30
3-3-020	F3	2.82	2.5	40	45	30
3-3-065	C6	2.62	1.8	40	45	30
3-3-025	C6	1.52	1.8	30	45	35
3-3-058	C6	1.44	1.8	30	45	35
3-3-014	U29	0.14	0.3	30	9	30
3-3-026	C6	3.04	1.8	30	45	35
3-3-059	C6	2.43	1.8	30	45	35
3-3-193	C65	1.17	1.5	40	18	30
3-3-226	C65	3.77	1.2	30	18	40
3-3-263	C6	3.69	1.8	30	45	35
3-3-200	C65	4.62	0.7	26	24	41
3-3-236	C65	3.69	1.2	30	18	40
3-3-201	C65	5.02	1.1	30	24	40
3-3-237	C65	2.10	1.2	30	12	43
3-3-265	C6	5.51	1.5	30	36	35
3-3-221	C65	7.50	0.8	34	18	40
3-3-222	C65	4.78	1.1	28	18	40
3-3-276	C6	5.07	1	30	18	35
3-3-278	C6	4.09	1	30	18	35
3-3-281	C6	4.55	0.8	30	36	35
3-3-315	C6	3.94	1	30	45	35
3-3-325	C6	3.53	1	40	18	30
3-3-230	F1	2.58	1.2	30	18	30
3-3-239	F1	5.16	2	30	36	35
3-3-240	R53	0.30	0.8	30	9	40
3-3-231	C6	0.68	1.2	30	18	35
3-3-260	F1	2.05	1.2	30	18	30
3-3-277	F1	1.44	1.2	30	18	30
3-3-289	C6	2.96	1.5	30	18	35
3-3-144	U12	0.78	0.8	30	12	30
3-3-189	U13	0.34	0.3	30	12	30
3-3-187	U21	0.45	0.8	30	9	20

附录 2：中关村环保园道路名称一览

　　位于海淀区温泉镇、苏家坨镇境内，东至春阳路，西至温阳路，北至北清路、南至京密引水渠，规划占地面积 360 公顷。园内规划二十一条道路，目前 90% 的主干路修建完毕。由于园区内植物种多样、绿化率高的特点，其名称全部由园区内现有植物命名。中关村环保园道路名称具体如下：

序号	原规划道路名称	新命名道路名称
1	规划环保园一路	景天路
2	规划环保园二路	地锦路
3	规划环保园三路	夏雪路
4	规划环保园四路	文松路
5	规划环保园五路	海桐路
6	规划环保园六路	凌霄路
7	规划环保园七路	铃兰路
8	规划环保园八路	忍冬路
9	规划环保园九路	丹若路
10	规划环保园十路	木荷路
11	规划环保园十二路	文竹路
12	规划环保园十三路	紫雀路
13	规划环保园十四路	秋枫路
14	规划环保园十五路	丹樱路
15	规划环保园十七路	银桦路
16	规划环保园十八路	龙柏路
17	规划环保园十九路	茜云路
18	规划环保园二十路	锦带路

附录 3：中关村环保园骨干植物名录

	中文名	学名		中文名	学名
乔木	雪松	*Cedrus deodara*	灌木	大叶黄杨	*Buxus megistophylla*
	冷杉	*Abies fabri*		小叶黄杨	*Buxus sinica*
	黑松	*Pinus thunbergii*		小叶女贞	*Ligustrum quihoui*
	龙柏	*Sabina chinensis*		红叶小檗	*Berberis thunbergii var. atropurpurea*
	蜀桧	*Sabina chinensis cv. Pyramidalis*		锦带	*Weigela florida*
	油松	*Pinus tabuliformis*		金银木	*Lonicera maackii*
	白皮松	*Pinus bungeana*		棣棠	*Kerria japonica*
	悬铃木	*Platanus spp.*		麻叶绣线菊	*Spiraea cantoniensis*
	合欢	*Albizia julibrissin*		红瑞木	*Swida alba*
	毛白杨	*Populus tomentosa*		太平花	*Philadelphus pekinensis*
	银杏	*Ginkgo biloba*		玫瑰	*Rosa rugosa*
	小叶朴	*Celtis tetrandra*		木本绣球	*Viburnum macrocephalum*
	臭椿	*Ailanthus altissima*		白玉堂	*Rosa multiflora Thunb. var. albo-plena*
	黄山栾树	*Koelreuteria bipinnata*		黄刺玫	*Rosa xanthina*
	柿树	*Diospyros spp.*		铺地柏	*Sabina procumbens*
	紫花泡桐	*Paulownia tomentosa*		小龙柏	*Sabina chinensis var.*
	青桐	*Firmiana simplex*		连翘	*Forsythia suspensa*
	三角枫	*Acer buergerianum*		珍珠花	*Spiraea thunbergii*
	五角枫	*Acer mono*		现代月季	*Rosa spp.*
	八角枫	*Alangium chinense*		平枝栒子	*Cotoneaster horizontalis*
	白蜡	*Fraxinus chinensis*		地锦	*Parthenocissus tricuspidata*
	旱柳	*Salix matsudana*		多花蔷薇	*Rosa multiflora*
	黄栌	*Cotinus coggygria*		胶东卫矛	*Euonymus kiautschovicus*
	龙爪槐	*Sophora japonica*		接骨木	*Sambucus williamsii*
	火炬树	*Rhus typhina*		紫珠	*Callicarpa bodinieri*
	榆树	*Ulmus pumila*	藤本	凌霄	*Campsis grandiflora*
	西府海棠	*Malus micromalus*		紫藤	*Wisteria sinensis*
	白玉兰	*Magnolia denudata*		藤本月季	*Morden cvs.of Chlimbers and Ramblers*
	望春玉兰	*Magnolia biondii*		扶芳藤	*Euonymus fortunei*
	二乔玉兰	*Magnolia soulangeana*		金银花	*Lonicera japonica*
	白梨	*Pyrus bretschneideri*		木香	*Rosa banksiae*
	紫叶李	*Prunus ceraifera cv. Pissardii*	地被	白三叶	*Trifolium repens*
	山楂	*Crataegus pinnatifida*		二月兰	*Orychophragmus violaceus*
	石榴	*Punica granatum*		鸢尾	*Iris tectorum*
	丁香	*Syringa oblata*		萱草	*Hemerocallis fulva*
	木槿	*Hibiscus syriacus*		紫花地丁	*Viola philippica*
	紫荆	*Cercis chinensis*		蛇莓	*Duchesnea indica*
	山桃	*Amygdalus davidiana*		麦冬	*Ophiopogon japonicus*
	碧桃	*Amygdalus persica*		蒲公英	*Taraxacum mongolicum*
	文冠果	*Xanthoceras sorbifolium*		玉簪	*Hosta plantaginea*
	紫薇	*Lagerstroemia indica*		早熟禾	*Poa annua*

参考文献

[1] 北京海淀翠湖科技城概念规划方案设计，2012 年 11 月．

[2] 北京北林地景园林规划设计院有限责任公司．翠湖科技园景观规划，2013 年 6 月．

[3] 中关村翠湖科技园生态建设实施方案（2015—2020 年）．

[4] 北京实创科技园开发建设股份有限公司．中关村翠湖科技园绿色生态建设指标体系，2015 年 2 月．

[5] 北京实创科技园开发建设股份有限公司．翠湖科技园生态建设地块设计导则，2015 年 4 月．

[6] 第三代科技园区——中关村环保园发展探索与实践．中国建筑工业出版社，2009 年 8 月．

[7] 北京实创环保发展有限公司．中关村环保科技示范园绿法，2007 年 1 月．